U0029584

4大メガテックの儲けのしくみが2時間でわかる！ GAFA見るだけノート

圖解

GAFA

科技4大巨頭

2小時弄懂 Google、Apple、Facebook、Amazon 的獲利模式

Michiaki Tanaka **田中道昭** 著　劉愛夌 譯

前言

四大科技巨頭
為何如此強大？

　　「GAFA」這個詞，是由席捲全球科技市場的四大巨頭——Google（谷歌）、Apple（蘋果）、Facebook（臉書）、Amazon（亞馬遜）的第一個字母組合而成。20年來，這四間公司的業績勢如破竹，節節攀升，如今營收加總起來已超過7730億美元，規模之巨大甚至超越國家。至少在接下來的5年內，GAFA絕對是全球企業中最具指標性的四大科技巨頭。

　　「數據」有「21世紀的石油」之稱，而如何獨占數據、利用數據支配市場，已成為世界各國必須面對的問題。2020年10月，美國司法部以《反壟斷法》（Antitrust Law）對Google提起訴訟，控告Google「利用其壟斷優勢，透過網路搜尋和廣告等方式妨礙市場競爭」。據悉，其他科技巨頭今後可能也得面對這個問題。

　　別看如今GAFA強大到令世界各國備感威脅，其實他們

都是從小型新創企業起家。這四間公司究竟何德何能從為數眾多的新創企業中脫穎而出，在短短20年內壯大至此？如今GAFA儼然成為企業管理碩士班（MBA）和企業分析的研究對象，各界爭相從經營、行銷、領導能力等各種角度，剖析他們的成長戰略。

GAFA的成長根源為何？為何如此強大？本書將從商業模式、財務戰略、組織管理等多元視角，帶大家搞懂這兩個問題，並配上簡單易懂的插畫圖解，分析四大科技巨頭的盲點與死角、下一個GAFA是哪間企業，以及GAFA有哪些未來戰略。

唯有釐清GAFA哪裡強大、為何強大，才能成為下一間GAFA。

身處後數位資本主義時代，我們應如何向GAFA學習？希望各位在閱讀本書的過程中，能夠好好思考這個問題。

田中道昭

2小時弄懂Google、Apple、
Facebook、Amazon的獲利模式

圖解GAFA
科技4大巨頭

Contents

前言　四大科技巨頭為何如此強大？ ········ 2

【序章】
數據剖析：GAFA
稱霸全球的原因

營收竟在 12 年內翻漲 10 倍！ ········ 10

全球總市值 5.2 兆美元 ········ 11

研究開發經費高達 917 億美元 ········ 12

併購公司總數超過 519 間 ········ 13

Chapter 01
從五大因素分析
GAFA 的競爭戰略

01 GAFA 企業戰略的
五大因素分析
使命、平台、商業生態系統 ········ 16

02 搜索引擎之霸
Google 的五大因素分析：
人工智慧優先、桑德爾・皮查伊
········ 18

03 靠 iPhone 革命
躋身全球企業之列
Apple 的五大因素分析：
史蒂夫・賈伯斯、提姆・庫克
········ 20

04 全球最大「連結網」
Facebook 的五大因素分析：
馬克・祖克柏、連結性 ········ 22

05 版圖不斷擴張的電商之王
Amazon 的五大因素分析：
顧客體驗、AWS、傑夫・貝佐斯 ········ 24

Chapter 02
持續進化不停歇！
GAFA 商業模式
大解析

01 【Google ①】
從「行動」到「人工智慧」
行動優先、字母控股 ········ 30

02 【Google ②】
善用免費策略，獨霸全球市占率
Google Play、開放手機聯盟 ········ 32

03 【Google ③】
不再依賴廣告生存
Google 雲端平台、G Suite ········· 34

04 【Google ④】
最先進的人工智慧戰略
Waymo、開放汽車聯盟 ······· 36

05 【Apple ①】
收益王牌 iPhone
總市值 1 兆美元、用戶體驗、········ 38

06 【Apple ②】
無人可及的高附加價值戰略
不同凡想、顧客介面 ·········· 40

07 【Apple ③】
不再依賴 iPhone
訂閱服務、Apple one ············· 42

08 【Facebook ①】
坐擁 27 億用戶的社交平台
虛擬實境、月活躍用戶、Audience
Network ······················· 44

09 【Facebook ②】
商業模式大轉型
騰訊、LINE、私訊型平台 ··········· 46

10 【Amazon ①】
世界第一的顧客至上主義
B to C、B to B ·············· 48

11 【Amazon ②】
電子商務與網路服務兩大事業
電子商務、營業利益率 ············· 50

12 【Amazon ③】
成長基石「第一天文化」
第一天、第二天 ··········· 52

13 【Amazon ④】
行銷 4.0
菲利普·科特勒、
顧客旅程、行銷 4.0 ············· 54

14 【Amazon ⑤】
新世代服務戰略
Amazon Go、Alexa 經濟圈、
Prime Air ··············· 56

Chapter 03
財務報表會說話：看清 GAFA 的營利機制

01 **資產報酬率大比拼！**
GAFA 的財務狀況
資產報酬定位圖、總資產週轉率、營
收營業利益率 ············· 62

02 **將本業的廣告收益轉投資**
Google 雲端平台、G Suite ········· 64

03 疫情受創！
自上市以來首度營收下滑
轉換率、新冠肺炎 ·················· 66

04 GAFA 中的
收益王
營業利益率、Apple 危機 ·········· 68

05 電腦和 iPad 神助攻！
營收利潤不斷攀升
Phone SE、提姆・庫克 ··········· 70

06 利益率
高達 34%
高收益體質 ······················· 72

07 在家防疫增商機！
營收利益大躍進
黑人的命也是命抗爭運動、
拒用仇恨牟利運動 ············· 74

08 「投資擺中間，利潤放兩邊」
的低收益戰略
經營戰略、財務戰略 ············· 76

09 電商屢創佳績，
淨利持續翻倍
新冠肺炎、什麼都賣商店 ········· 78

Chapter 04
創造創新不間斷：
GAFA 的組織管理術

• • • • • • • • • • • • • • • • • • • •

01 Google 的創新催化劑——
「20% 法則」
持續式創新、破壞式創新、
20% 法則 ························ 84

02 Facebook 的尖端思想——
「駭客之道」
駭客精神、駭客之道
····························· 86

03 Apple 的快速決策催生術——
「平台型組織」
麥金塔電腦、NeXT ··············· 88

04 Apple 員工證背面的祕密——
「十一條成功法則」
十一條成功法則、約翰・布蘭登 ······· 90

05 Google 的行動方針——
「十大信條」
十大信條、行動方針 ··············· 92

06 Amazon 的會議管理術——
「兩個披薩原則」
傑夫・貝佐斯、兩個披薩原則 ··········· 94

07 Google 眼中的優質主管——
「頂尖主管的八大特質」
氧氣計畫、微觀管理 ················ 96

08 Google 的天才複製術——
「OKR 管理法」
OKR、約翰・杜爾 ············· 98

09 Google 的高 EQ 培養術——
「正念課程」
正念、EQ、陳一鳴 ············· 100

10 Amazon 持續壯大的支柱——
「十四條領導準則」
十四條領導準則、自我領導 ············· 102

Chapter 05
四大平台也有死角：
GAFA 的要害大盤點

01 各國政府的嚴密監視
司法委員會、聽證會、數位稅 ··········· 108

02 歐盟設下的天羅地網
一般資料保護規範、資料可攜權 ······· 110

03 Cookie 規範
對數位廣告的限制
Cookie、加州消費者隱私保護法 ·· 112

04 Facebook 的
個資洩漏問題
假消息 ·············· 114

05 亡羊補牢！
GAFA 的隱私保護政策
資料可攜權、聯邦貿易委員會 ······ 116

06 爾虞我詐的
美中爭霸戰
PEST 分析、
國家統制型資本主義 ···················· 118

07 急起直追！
GAFA 與中國的
人工智慧開發競賽
百度、阿波羅計畫 ····················· 120

08 超人氣遊戲下戰帖！
Apple 的服務費爭議
收入分配、iOS 應用程式經濟 ······ 122

09 未來新趨勢！
動搖數據權力結構的關鍵技術
區塊鏈、分散式帳本、比特幣 ······ 124

10 GAFA 也無法忽視的
「永續性潮流」
永續性、利害關係人資本主義 ······ 126

11 勝負已分！
美中兩國的智慧城市計畫
人行道實驗室、ET 城市大腦 ⋯⋯⋯ 128

Chapter 06
超級企業生死鬥：
誰是下一個 GAFA？

01 迎頭趕上！
誰是下一任企業霸主？
下一個 GAFA、BATH ⋯⋯⋯ 134

02 可與 Amazon 匹敵的
全球電商霸主——阿里巴巴
支付寶、淘寶網、天貓國際 ⋯⋯⋯ 136

03 5G 時代的手機之霸——華為
華為危機、5G 霸權 ⋯⋯⋯ 138

04 急速成長的
綜合科技百貨——騰訊
騰訊 QQ、微信、QQ 空間 ⋯⋯⋯ 140

05 從中國最大搜尋引擎
到人工智慧企業——百度
百度大腦、阿波羅計畫 ⋯⋯⋯ 142

06 全球最大網路影片企業——Netflix
原創作品、推薦功能 ⋯⋯⋯ 144

07 迎戰 GAFA 的
資訊科技巨人——微軟
Azure ⋯⋯⋯ 146

08 新世代的汽車產業之霸——
電動車製造商特斯拉
垂直整合式商業模式、水平分工式商
業模式 ⋯⋯⋯ 148

09 超級 App 經濟圈建構者——
軟銀集團
群戰略、超級 App 經濟圈 ⋯⋯⋯ 150

10 全球汽車銷售王——
豐田的新世代戰略
看板管理、編織市 ⋯⋯⋯ 152

11 電玩事業大躍進——
起死回生的「世界級索尼」
索尼危機、企業重組 ⋯⋯⋯ 154

Chapter 07
後疫情時代的
GAFA 未來

01 GAFA 能在後疫情時代
繼續稱霸嗎？
後疫情時代 ⋯⋯⋯ 160

02 GAFA 也參一腳！愈打愈烈的
人工智慧晶片開發競爭
人工智慧晶片、GPU ⋯⋯⋯ 162

03 Apple 的下一個目標──保健市場
健康應用程式、HealthKit …………… 164

04 電子貨幣「天秤幣」能創造巨大
商機嗎？
天秤幣、代幣 …………………… 166

05 Google 能在自動駕駛市場稱霸嗎？
Waymo、Google 地圖、
Google 街景服務 ………………… 168

06 如果 Amazon 進軍銀行業……
星展銀行、顧客旅程 …………… 170

07 上太空建平台！
貝佐斯的太空夢
藍色起源、太空事業平台 …………… 172

08 GAFA 所關注的新世代技術
環境運算、遠端呈現 …………… 174

09 不落人後！全球都在瘋的
「永續發展目標」
永續發展目標、永續性 …………… 176

10 數位資本主義所帶來的弊害
數位化弊端、後數位資本主義 ……… 178

11 面對後疫情時代，GAFA 也是泥
菩薩過江！？
後疫情時代、價值觀變化 ………… 180

12 社會 5.0 時代的應對之道
社會 5.0、人類中心主義 …………… 182

COLUMN ------------------------

【GAFA 經營者列傳①】─Google─
賴利・佩吉 ……………………………… 26

【GAFA 經營者列傳②】─Google─
謝爾蓋・布林 ……………………… 58

【GAFA 經營者列傳③】─Google─
桑德爾・皮查伊 ………………… 80

【GAFA 經營者列傳④】─Apple─
史帝夫・賈伯斯 ……………… 104

【GAFA 經營者列傳⑤】─Apple─
提姆・庫克 …………………………… 130

【GAFA 經營者列傳⑥】─Facebook─
馬克・祖克柏 ……………………… 156

【GAFA 經營者列傳⑥】─Amazon─
傑夫・貝佐斯 ……………………… 184

用語索引 ……………………………… 188

主要參考文獻、參考網站 ………… 191

結語　GAFA 所學，未來所用 ………… 186

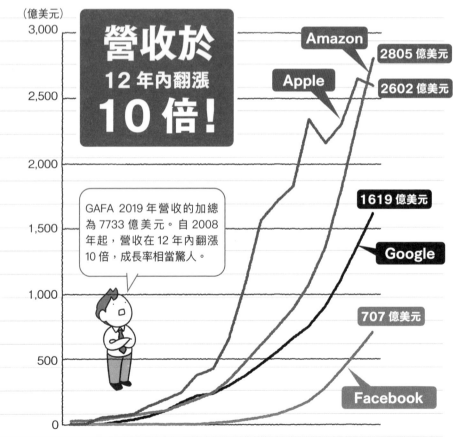

數據剖析

GAFA

GAFA 的營收變化

（億美元）

營收於 12 年內翻漲 10 倍！

> GAFA 2019 年營收的加總為 7733 億美元。自 2008 年起，營收在 12 年內翻漲 10 倍，成長率相當驚人。

Amazon　2805 億美元

Apple　2602 億美元

1619 億美元　Google

707 億美元　Facebook

3,000
2,500
2,000
1,500
1,000
500
0

00 01 02 03 04 05 06 07 08 09 10 11 12 13 14 15 16 17 18 19 （年）

稱霸全球的原因

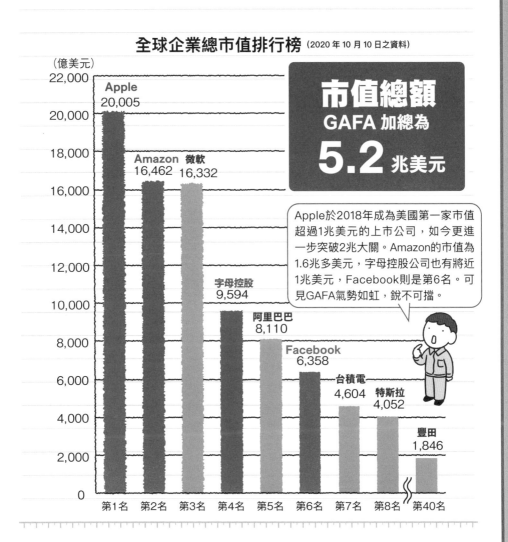

全球企業總市值排行榜 (2020 年 10 月 10 日之資料)

（億美元）

- Apple 20,005（第1名）
- Amazon 16,462（第2名）
- 微軟 16,332（第3名）
- 字母控股 9,594（第4名）
- 阿里巴巴 8,110（第5名）
- Facebook 6,358（第6名）
- 台積電 4,604（第7名）
- 特斯拉 4,052（第8名）
- 豐田 1,846（第40名）

市值總額 GAFA 加總為 5.2 兆美元

Apple於2018年成為美國第一家市值超過1兆美元的上市公司，如今更進一步突破2兆大關。Amazon的市值為1.6兆多美元，字母控股公司也有將近1兆美元，Facebook則是第6名。可見GAFA氣勢如虹，銳不可擋。

研究開發經費高達 **917** 億美元

2019 年，GAFA 四間公司的研究開發費用合計超過 900 億美元！這個數字足以和摩納哥、瑞士的國家預算匹敵（2016 年度／中央情報局）。在 Facebook 的研發費用中，又以擴增實境（Augmented Reality，簡稱 AR）和虛擬實境（Virtual Reality，簡稱 VR）所占的比例最高。

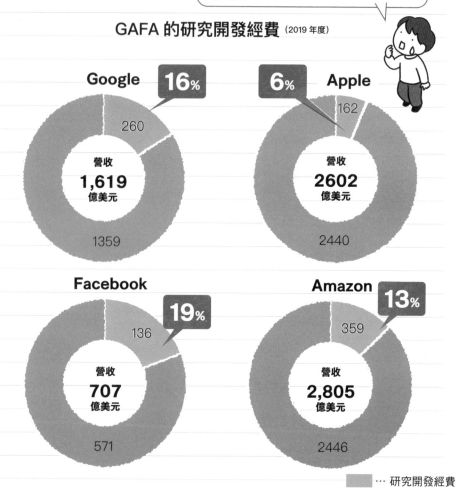

GAFA 的研究開發經費 （2019 年度）

Google 16%
260
營收
1,619
億美元
1359

6% **Apple**
162
營收
2602
億美元
2440

Facebook 19%
136
營收
707
億美元
571

Amazon 13%
359
營收
2,805
億美元
2446

⬛ … 研究開發經費

併購公司總數 超過 **519** 間

一份 GAFA 併購公司數和投資額的統計資料[1] 顯示，GAFA 近年一共併購了超過 500 間公司。他們透過併購新創企業這種方式來提升技術能力，開發新時代商業生態系統。

GAFA 的併購實績 (摘要)

	收購件數	收購金額
Google[2]	**231** 間	**322** 億美元 (53 件總額)
Apple[3]	**105** 間	**89** 億美元 (38 件總額)
Facebook[4]	**82** 間	**243** 億美元 (25 件總額)
Amazon[5]	**101** 間	**238** 億美元 (36 件總額)

※1：摘自《GAFA 的財務報表：解析超傑出企業的利潤構造和商務機制》(Kanki 出版)
※2：2001 年 2 月～ 2019 年 12 月（18 年 10 個月）
※3：1998 年 3 月～ 2019 年 9 月（21 年 8 個月）
※4：2005 年 8 月～ 2019 年 12 月（14 年 4 個月）
※5：1998 年 2 月～ 2018 年 9 月（20 年 7 個月）

01

Chapter

GAFA

GAFA
everyone's notes

從五大因素分析GAFA
的競爭戰略

以宏觀的視野
進行比較！

GAFA 是全球經濟的主宰，即便在疫情時代，業績仍穩健成長。這四大平台到底與其他企業有何不同？本章將使用《孫子兵法》衍伸出的商業框架，為各位解析 GAFA 的企業戰略。

GAFA 企業戰略的五大因素分析

像 GAFA 這種規模堪比國家等級的科技巨頭，使用傳統商業框架難以解析得清楚。因此，本章將採用「五大因素」這個新時代的分析法，帶大家一窺這四間科技巨頭的戰略全貌！

要了解GAFA使用了哪些經營戰略，用「五大因素」來分析準沒錯！「五大因素分析法」是基於中國古代兵法家——孫子所提出的「道」、「天」、「地」、「將」、「法」這五大因素，從現代管理學的角度來剖析企業。**「道」是指「整體構想」、「企業的理想狀態」**，說得具體一些，就是「使命」、「願景」、「價值」，以及「戰略」。要看出一間企業的強項與弱點，就必須從**使命**中的產品服務、員工滲透度等要素進行觀察。

五大因素分析法：一窺企業全貌

「天」是指根據外在環境所採取的擇時戰略。「地」為「地利」，也就是運用對自己**有利的環境，掩護不足之處**，而我們要看的是這四大公司各在哪一塊「事業領域」中獨占鰲頭。**「將」和「法」是指「領導能力」和「管理方式」，在這兩項因素的輔助下，企業戰略才能從紙上談兵升級至付諸行動**。「將」與「法」都是運用人才和組織的方法，其不同之處在於，「將」是「各公司的領袖」，「法」是事業結構、收益結構、商業模式，以及企業所建構的**平台**和**商業生態系統**。運用這五大要素分析GAFA，可幫助我們雙頭進行宏觀和微觀，即便是事業領域較廣泛的企業，也能從多方位釐清其整體與局部。

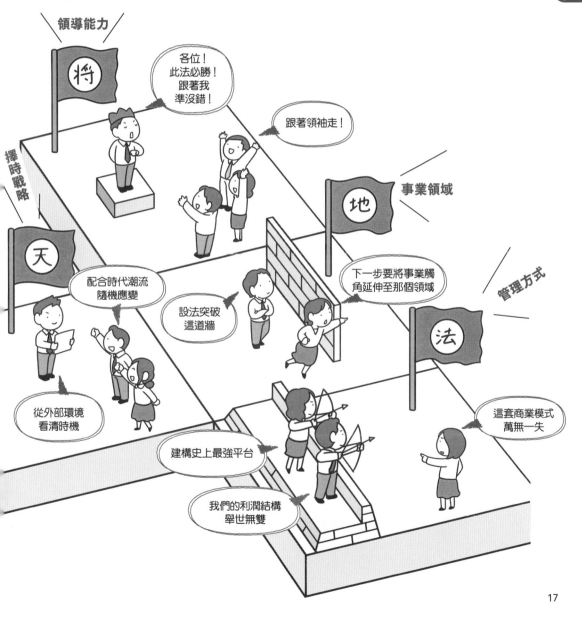

17

搜索引擎之霸
Google 的五大因素分析

Google 多方發展各種事業，開發方針已從原本的「行動優先」轉為「人工智慧優先」。

Google的使命是「彙整全球資訊，供大眾使用，使人人受惠」。對Google而言，「彙整資訊」跟「廣告生意」是一體兩面，但並非僅止於此。改採「**人工智慧優先**」策略後，Google便以「打造更自然舒適的世界」為使命。Google的擇時戰略為「看準時機，彙整全球資訊供大眾使用」。如今人工智慧正夯，可說是Google的大好時機。

Google 的五大因素分析

整體構想

Google 的
道…整體構想
天…擇時戰略
地…事業領域
將…領導能力
法…管理方式

資訊豐富
受惠無窮

隨手取得超方便

Google 資訊箱

人人都可使用，
想用就用零負擔！

資訊量還會繼續
增加喔～

這裡還有喔

Google的事業戰略為**「將全球龐大的資訊、溝通、行為等轉為數位資料，建構相關商業模式和平台，以廣告收入的形式創造收益」**。因Google的事業領域非常遼闊，要一一掌握並不容易。目前Google的領袖為執行長**桑德爾‧皮查伊**。皮查伊是個「商務與技術皆精通的人才」，在公司內外享有高度評價，願望是將Google打造成一間「工作起來暢行無阻的企業」。目前Google採取「使命×事業結構×收益結構」三位一體的管理方式，**透過各種服務將所有資訊數位化，再利用廣告生意創造營收。**

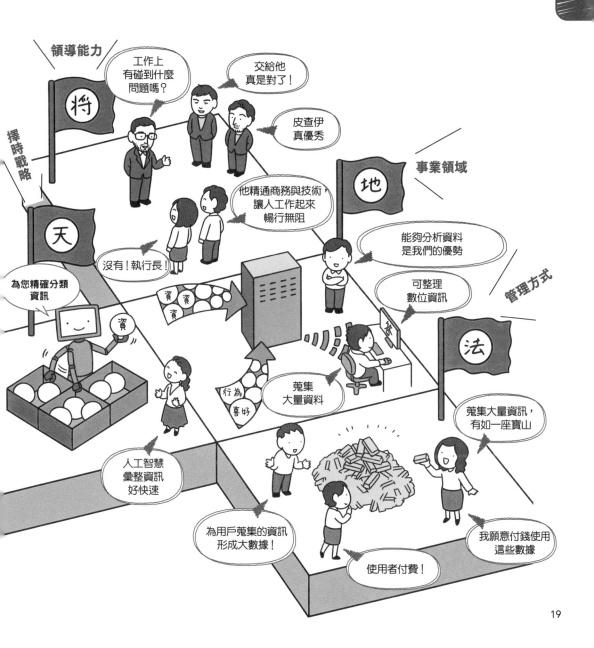

03 靠 iPhone 革命躋身全球企業之列 Apple 的五大因素分析

Apple 因為 iPhone 等數位裝置而受到萬眾矚目，為大眾帶來新的數位生活模式。

Apple並未公布自家使命，但他們曾用「領導開創」、「重新定義」、「引發革命」等詞彙來呈現公司的概念。由此可見，**Apple的使命應為「改變看待事物的方式，協助大眾用自己的想法活出自我」**。Apple的擇時戰略為「看準時機，協助大眾擁有自己的見解、活出自我」。Apple透過iTunes、Apple Music等串流服務，建構新的數位生活模式，為人們提供更自由的發展空間。

Apple的**事業戰略為「利用iPhone與iOS建構平台，並在平台上建構商業生態**

Apple 的五大因素分析

整體構想

道

登登登

領導開創

有訊息

Apple 的
道 …整體構想
天 …擇時戰略
地 …事業領域
將 …領導能力
法 …管理方式

登登登

重新定義

iPhone

登登登

Apple沒有
公布使命，
但這就是他們的使命

引發革命

系統」。創辦人**史帝夫・賈伯斯**是百年難得一見的天才，擁有高超的簡報技巧和行銷頭腦；相較之下，現任執行長**提姆・庫克**就給人較為平凡的印象。但庫克非常擅於鞭策企業進步，這也是賈伯斯所缺乏的能力。Apple的商業模式特色在於，利潤主要來自iPhone等硬體產品，占總營收約7成。Apple的市場遍布全球，中國是僅次於北美、歐洲的第三大市場，如今美中兩國對立加劇，今後的發展為何，備受注目。

21

04 全球最大「連結網」Facebook 的五大因素分析

Facebook 加入 Messenger、Instagram 等新服務後,規模變得更加巨大。他們建構「人與人的連結平台」,靠廣告收入賺進了大把鈔票。

Facebook於2017年做出使命宣言:**「協助人們建構社群,讓世界更加緊密連結。」**創辦人<u>馬克•祖克柏</u>表示:「我們致力於打造讓人與人更靠近的世界。」因此,「看準時機讓大眾建構社群」為Facebook的擇時戰略。近幾年先進國家因走向保護主義而日漸「封閉」,而**社群網路與科技巨頭超越了國界,消除了產業間的隔閡,讓全球逐漸走向「開放」。**就這一點而言,這些企業的影響力絕不亞於國家。

Facebook的事業基礎為社群網路服務(簡稱SNS),強化人與人的連結,提供符

Facebook 的五大因素分析

整體構想

Facebook 的
道 …整體構想
天 …擇時戰略
地 …事業領域
將 …領導能力
法 …管理方式

好漂亮喔!

這個人好努力喔

按個讚!

我們提供讓大眾連結的場所!

上傳我拍的美照

合時代的功能，同時提升行銷力。之後在更快速的Wi-Fi的輔助下，還可強化**連結性**（Connectivity），又或是進一步活用擴增實境和虛擬實境。執行長祖克柏自小就認為「運用技術強化人與人的連結」是一件意義非凡的事，他總是帶頭行動、展現理想，卻因為個性不夠冷靜，影響外界對Facebook的企業評價。Facebook管理上的特色在於他們的收益結構——**「建構人與人的連結平台，靠廣告創造收益」**，其2019年的營收中，高達98.5%來自廣告收益。

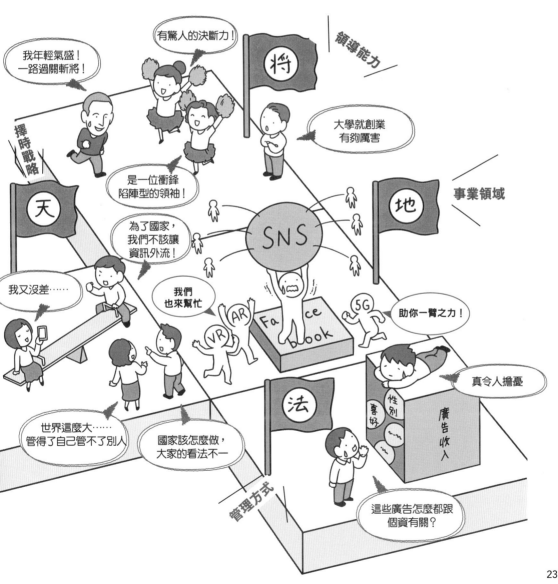

05 版圖不斷擴張的電商之王 Amazon 的五大因素分析

Amazon 一路從「什麼都賣商店（Everything Store）」升級為「什麼都賣公司（Everything Company）」，營利在 AWS（Amazon Web Services，亞馬遜網路服務）的加持下節節上升。

Amazon的使命為「地球上最以顧客為念的公司」，這個使命與「提升顧客體驗（Customer Experience，簡稱CX）」為一體兩面。Amazon的顧客可不只有買家，還有賣家、開發商、企業組織、內容創作者等。擇時戰略方面，他們**抓住時機，利用能提升顧客體驗的各種先進科技來做生意**，比方說，配有數位語音助理「Amazon Alexa」的智慧音箱——「Amazon Echo」，就是近年人工智慧科技下的產物。

Amazon 的五大因素分析

Amazon的事業領域已從「什麼都賣商店」擴張為「什麼都賣公司」，如今旗下也有實體店鋪，成功實現「真實世界×網路世界」的理念。此外，Amazon的**AWS**也已成長為高收益事業。創辦人**傑夫・貝佐斯**非常在乎「顧客至上」，但不太理會「Amazon效應」（因Amazon事業版圖不斷擴大，導致傳統零售商店的業績每況愈下）。**Amazon的事業結構是以「Amazon本體×AWS」為基盤，建構一個由電商網站、Amazon Echo來連結各種平台的世界，而這也是Amazon的商業模式。**

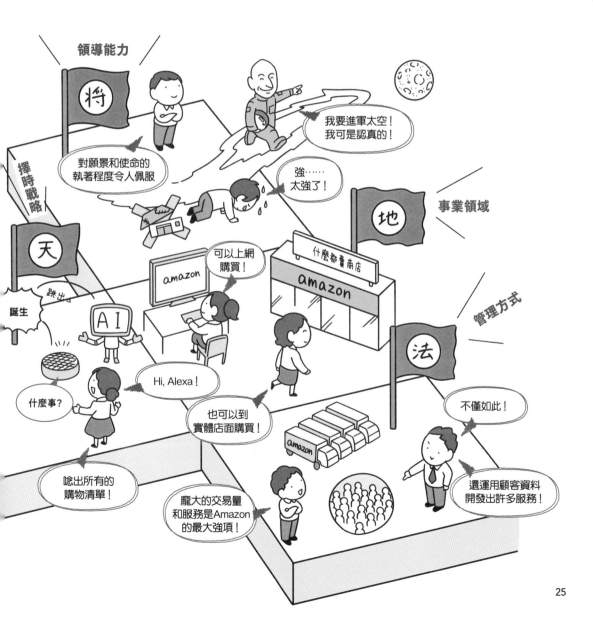

搜尋演算法的開發者

賴利・佩吉
Google

　　賴利・佩吉出生於 1973 年 3 月 26 日。他的父母在密西根州立大學教授電腦科學，也因為這個原因，從小佩吉家裡就放滿各種電腦和技術方面的書籍，他對這些書深感興趣。12 歲時，佩吉讀了發明家尼古拉・特斯拉的傳記，並為特斯拉不得志的人生流下了眼淚。這讓佩吉明白一件事，光有出色的開發能力是不夠的，還得設法將技術廣傳、發展成一門生意。

　　佩吉長大後，先是進入密西根州立大學學習大眾運輸相關知識，畢業後再進入史丹佛大學的博士班攻讀計算機科學，研究人類與電腦的相互作用、搜尋引擎、資訊存取、介面的擴張性等。

　　佩吉在史丹佛大學認識了謝爾蓋・布林，兩人不但合著論文《大規模超文字型網路搜尋引擎之相關分析》，還在 1998 年合力創辦了 Google 公司。

Google 這個名字源自數字單位「googol（谷戈爾）」，1 谷戈爾是 10 的 100 次方。這個名字充分表現出佩吉與布林所公布的使命 ——「將全球資訊系統化，供大眾提取使用，使人人受惠」。2001 年 4 月以前，佩吉是 Google 的共同主席兼執行長。同年 7 月，Google 招募艾立克·施密特接任執行長一職，隨後 Google 便發展成佩吉、布林、施密特的「三頭馬車」經營體制。

　　2011 年 4 月，佩吉回任 Google 執行長，並於 2015 年 10 月擔任剛成立的字母控股公司（Alphabet）的執行長。2019 年 12 月，佩吉公開發表聲明：「字母控股和 Google 的經營狀況已趨於穩定，我們不再需要兩位執行長和主席。」於是辭去字母控股的執行長一職，交棒給皮查伊。

Chapter

02

GAFA

GAFA
everyone's notes

持續進化不停歇！
GAFA商業模式大解析

一起來看GAFA的成長軌跡

GAFA 是如何躍升為全球頂尖企業的呢？這其實跟他們獨樹一格的事業結構和營利機制有關。本章要帶大家從商業模式剖析 GAFA 突飛猛進的原因。

【Google ①】
從「行動」到「人工智慧」

在全球搜尋引擎市場上，Google 的市占率高達 9 成。除了深入普羅大眾的日常生活中，近年更成立控股公司，擴展多元事業版圖。

對從搜尋引擎起家的Google而言，**「彙整全球資訊供大眾使用，發展廣告事業」**是不容改變的信念。為了實現這個核心價值，Google的使命不斷在進化。**「行動優先」**就是其中一個例子，他們免費開放Android系統，因而獲得廣大用戶的支持。Android系統讓用戶**「可隨時使用Google彙整的資訊」**，成功提升顧客體驗。之後，Google為了讓大眾更方便快速地使用資訊，便改以「人工智慧優先」為使命，以自動駕駛和智慧城市為發展目標。一旦自動駕駛研發成功，用戶就能將駕駛

Google 的使命變化

彙整全球資訊

為了執行「彙整全球資訊，供大眾使用」這個使命，Google於 2008 年推出「Google Chrome OS」、「Android」，與傳統搜尋引擎結合。

Google過去的使命

工作交給人工智慧，自由運用在車裡的時間，有任何問題都可以問智慧助理，想聽音樂就請智慧助理幫忙播放，享受Google所提供的各種服務。Google的目標是打造一個實現自動駕駛和智慧城市的世界，他們成立的**「字母控股」**公司，其使命**「讓你的周遭世界變得更方便、更容易使用」**，就跟這個目標息息相關。

「人工智慧優先」的世界

打造智慧城市生活是 Google 今後的目標。用戶可以透過自動駕駛技術，在移動過程中自由運用時間，讓智慧助理支援生活和娛樂。

one point

字母控股旗下負責開發智慧型都市的子公司——人行道實驗室（Sidewalk Labs），原本於加拿大多倫多發展城市計畫，但已在2020年5月宣布放棄。該計畫遭譏為「大規模監控社會的反烏托邦」。

Google
今後的目標

02 【Google ②】
善用免費策略，獨霸全球市占率

GAFA

2020 年 Google 智慧型手機作業系統的市占率高達 7 成，為什麼他們願意免費開放 Android 系統呢？主要有兩個考量。

Google於2007年推出行動作業系統Android，2017年在全球即擁有20億用戶，到了2020年，Android在全球智慧型手機作業系統中的市占率更高達72%。Google透過Android系統建構的商業模式，跟Apple的iPhone不同，Google之所以免費開放Android系統，主要基於以下兩個考量——第一，**一旦Android用戶增加，使用Google服務的人就會增加，如搜尋、地圖、影片等，廣告收入也會隨之提升。**第二，**Google可透過Apps商店「Google Play」販賣商品。**Google Play和Apple的App

智慧型手機系統市場的霸主

數字一點通

72%

▇ 智慧型手機作業系統的
全球市占率（2020年9月底）

雖然 iOS 在日本、部分歐美國家較占上風，但就全球而言，Android 還是占有大部分市場。

**急速成長的
智慧型手機作業系統**

Google 開放 Android 平台後，如今已於全球取得過半市場。對比 2009 年的市占率僅有 3.9%，Android 的成長速度令人驚奇。

Android
72%

iOS、其他
28%

Store一樣，會對上架銷售的App和App內產品徵收30%的服務費。Android的作業系統「**開放手機聯盟**（Open Handset Alliance，簡稱OHA）」綁有Google Play，但Google Play並非Android唯一的App商店，所以Google在App銷售方面，並未建構出像iPhone那樣強而有力的生態系統。2010年Google退出中國的搜尋引擎市場後，對Android的商機產生了一定的影響。Google員工不喜歡中國的審查制度，導致基層與高層幹部的意見相左。看來，Google想要攻占中國這塊巨大的智慧型手機市場，還有幾道要克服的難題。

One point

人氣電玩《要塞英雄》（Fortnite）因不服Google Play和App Store收取30%服務費，已從App商店下架。

廣告收入隨用戶人數增加

Google之所以免費開放作業系統，是希望藉此提升各種服務的用戶人數，如搜尋引擎、地圖、即時位置資訊、影片等，增加廣告收益。

抽成制度引發反彈

近年Google除了廣告收益增加，「Google Play」的用戶也愈來愈多，而收取銷售金額30%做為服務費的抽成制度，引發部分App開發公司的反彈。

Android 用戶擴增

使用附加功能用戶擴增

03

【Google ③】
不再依賴廣告生存

Google 的廣告收益近年出現停滯不前的現象，反觀 YouTube 和 Google 雲端的營收卻大幅成長。目前 Google 正極力轉換商業模式，開展多角化經營，擺脫對廣告的依賴。

對版圖不斷擴張的Google而言，廣告事業是舉足輕重的收益支柱，占了營收的8成之多。然而，隨著Facebook等以廣告事業為主的競爭對手紛紛崛起，最近Google廣告事業的成長率轉趨鈍化。搜尋數量方面，截至2019年2月止，Google在美國數位廣告市場中的成長率僅有15.0%，比前一期的22.2%低了許多。相對於搜尋事業，大眾對YouTube和Google雲端的需求逐年增加。根據Google母公司字母控股於2020年所公布的財報數據，2019年Google雲端無論是營收還是利潤，都交出大幅成

Google 的收益結構（2019年）

數字一點通

343 億美元

☑ 字母控股 2019 年淨利

字母控股 2019 年的總營收為 1619 億美元，較前一年成長了 18%。除了一向穩定的廣告收入，YouTube 的收益增加也功不可沒。

受創於新冠疫情？

字母控股的收益有 8 成來自 Google 及其他的廣告收入，但近年成長率開始停滯。2020 年在新冠疫情的影響下，美國的廣告收益預計將比前一年減少 5.3%。

2020 年是
受創的一年

數位廣告

Alphabet

長的好成績。

Google 2019年的總營收為1618億美元，其中廣告就占了1348億美元。**值得注意的是，YouTube廣告和Google雲端的廣告成長率特別高，跟前一年比起來，前者增加了36%，後者增加了53%，且YouTube廣告收入達到151億美元**。Google的雲端運算服務包括**Google雲端平台**（GCP）和群組軟體服務**G Suite**，2019年的營收為89億美元。由此可見，**今後Google打算拉高Google雲端和YouTube的廣告收入，藉此擺脫過去過度依賴廣告的商業模式**。雖說Google的雲端事業成長率相當出色，但不可諱言的，這些數字跟Amazon、微軟等公司比起來還是差太多了。

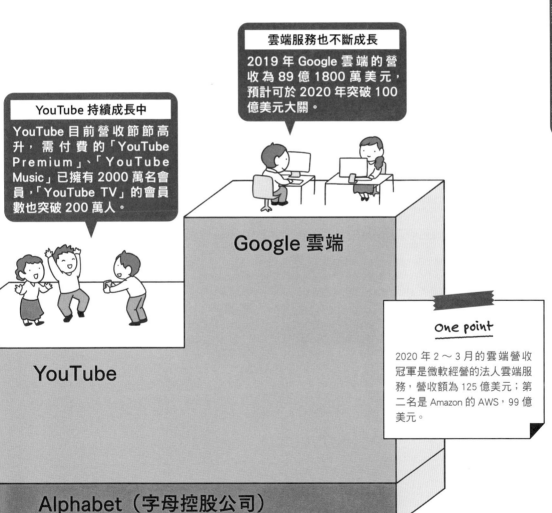

雲端服務也不斷成長
2019 年 Google 雲端的營收為 89 億 1800 萬美元，預計可於 2020 年突破 100 億美元大關。

YouTube 持續成長中
YouTube 目前營收節節高升，需付費的「YouTube Premium」、「YouTube Music」已擁有 2000 萬名會員，「YouTube TV」的會員數也突破 200 萬人。

Google 雲端

YouTube

Alphabet（字母控股公司）

one point
2020 年 2 ～ 3 月的雲端營收冠軍是微軟經營的法人雲端服務，營收額為 125 億美元；第二名是 Amazon 的 AWS，99 億美元。

【Google ④】
最先進的人工智慧戰略

Google 擁有頂尖的技術能力，在 GAFA 中可說相當出色。人工智慧研發方面，他們推出人工智慧汽車計畫，超前發展自駕計程車事業。

Google旗下有全球頂尖的「Google大腦（Google Brain）」，其人工智慧技術在GAFA中首屈一指。**智慧語音「Google助理」是Google人工智慧技術的象徵之一。近年Google推出內建「Google助理」的智慧音箱——「Google Home」，正式進軍硬體市場**。此外，Google運用他們在人工智慧技術上的優勢，致力發展全自動駕駛技術，並於2016年推出自動駕駛開發計畫，成立「Waymo」公司，成為新世代汽車界的領頭羊。

新世代汽車計畫：「Waymo」

開發Android
車用作業系統

開放汽車聯盟
Google 聯合通用汽車、奧迪、本田、現代汽車、輝達等汽車公司，組成開放汽車聯盟，英文為「Open Automotive Alliance」，簡稱 OAA。

大家
同心協力！

推出商用
無人計程車

Waymo

2014年，Google聯合通用汽車、奧迪、本田、現代汽車、輝達等汽車廠商，組成**OAA（開放汽車聯盟）**。該計畫將Android系統帶入汽車，據說Google最終目的是推出Android的車用作業系統。2018年，Waymo領先全球，成功讓商用無人計程車在美國問世。事實上，Google推出自駕車的重點並非硬體設備，而是**為汽車開發像Android這種開放型作用系統平台，藉此增加與顧客的連結，推出新的服務功能，以達到增加營收的目的。**

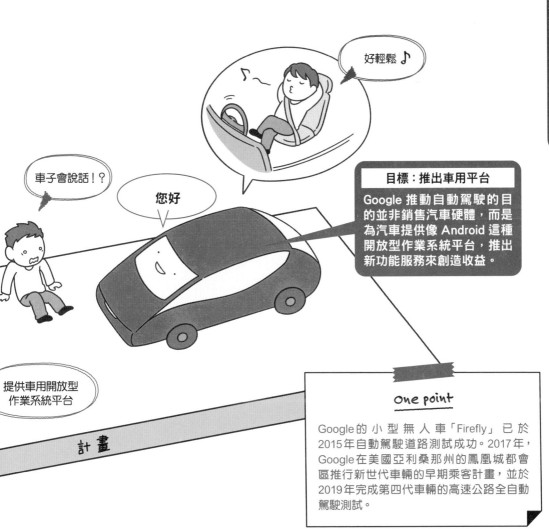

好輕鬆♪

車子會說話！？

您好

目標：推出車用平台

Google 推動自動駕駛的目的並非銷售汽車硬體，而是為汽車提供像 Android 這種開放型作業系統平台，推出新功能服務來創造收益。

提供車用開放型作業系統平台

計畫

one point

Google 的 小 型 無 人 車「Firefly」已 於 2015年自動駕駛道路測試成功。2017年，Google 在美國亞利桑那州的鳳凰城都會區推行新世代車輛的早期乘客計畫，並於 2019年完成第四代車輛的高速公路全自動駕駛測試。

05 【Apple ①】 收益王牌 iPhone

Apple 是全球第一間總市值超過 1 兆美元的企業。他們勇於向大眾提案新數位生活，才能領導時代潮流，在眾多端末機廠商中脫穎而出。

iPhone是目前最受人矚目的智慧型手機。自2007年iPhone開賣以來，Apple的營收便節節高升，於2018年8月晉升為全球第一間**總市值1兆美元**的大企業。Apple原名「蘋果電腦公司」（Apple Computer），麥金塔電腦（Macintosh／Mac）便是他們的產品。雖說目前Apple不斷擴充旗下產品的陣容與功能，但仍是一間「製造公司」。Apple為何能成功至此？我認為，這不僅僅是因為端末機的暢銷，而是他們一路走來，**不斷透過端末機向大眾提案「新數位生活」**。

Apple 創造的「用戶體驗」

強大的品牌魅力
Apple 對產品的設計極其講究，讓用戶產生一種尊榮待遇的優越感，這樣的用戶體驗培養出一大群瘋狂果粉。

這可是新時代的智慧型手機！

我要用！

好想要！

Apple對產品設計非常講究，再加上他們將**用戶體驗**擺在第一位，因而吸引了眾多狂熱「果粉」。**Apple之所以令同行望塵莫及，就是因為這群「果粉」對其品牌價值的高度認同**。也因為這個原因，Apple的產品定價利潤充足，不用像其他公司一樣削價競爭。在2020年4～6月的智慧型手機全球銷售量中，第一名的華為占20%，三星占19.5%，Apple只占13.5%，但Apple的利潤卻占了整個業界利潤的將近7成。這些數字告訴我們，**Apple是智慧型手機市場中的盈利王**。

智慧型手機市場的盈利王

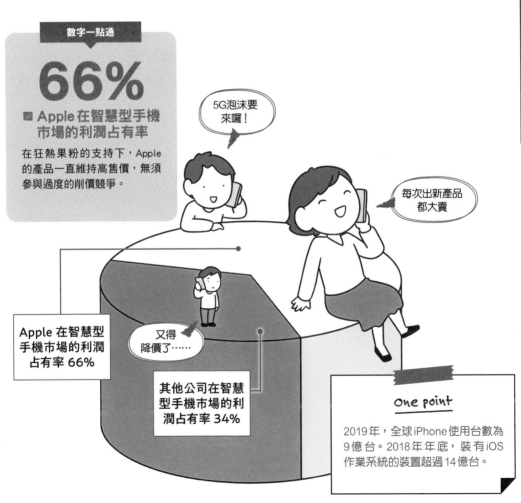

數字一點通

66%

☑ **Apple在智慧型手機市場的利潤占有率**

在狂熱果粉的支持下，Apple的產品一直維持高售價，無須參與過度的削價競爭。

5G泡沫要來囉！

每次出新產品都大賣

Apple在智慧型手機市場的利潤占有率66%

又得降價了……

其他公司在智慧型手機市場的利潤占有率34%

One point

2019年，全球iPhone使用台數為9億台。2018年年底，裝有iOS作業系統的裝置超過14億台。

【Apple ②】
無人可及的高附加價值戰略

Apple 的強項在於強大的品牌魅力，產品的頂級形象令他牌望塵莫及。Apple 公司不斷向大眾展現新的數位生活，創辦人賈伯斯製作的 iPhone 已然成為 Apple 的代表性象徵。

Apple堅持奉行「支援大眾活出自我」理念，這份執著傳承自創辦人賈伯斯。賈伯斯曾被迫離開Apple公司，一段時間後才回歸。賈伯斯復職後，Apple於1997年在廣告中用了「**不同凡想（Think Different）**」這個口號。該廣告中出現了愛因斯坦、約翰藍儂、畢卡索等歷史人物，**Apple透過產品和服務向世界展現他們特有的哲學，並用這支廣告向世人宣告：「唯有相信自己能改變世界的人，才能真正改變世界。」**

Apple 的行銷戰略

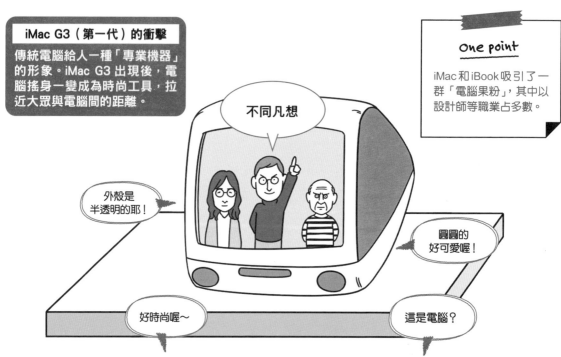

iMac G3（第一代）的衝擊
傳統電腦給人一種「專業機器」的形象。iMac G3 出現後，電腦搖身一變成為時尚工具，拉近大眾與電腦間的距離。

One point
iMac 和 iBook 吸引了一群「電腦果粉」，其中以設計師等職業占多數。

不同凡想

外殼是半透明的耶！

圓圓的好可愛喔！

好時尚喔～

這是電腦？

在GAFA這四間公司中，**Apple特別擅長打造頂級形象，提升品牌價值，套用較高價的加值訂價法**。iPhone就是個典型的例子。iPhone之所以用小寫的「i」開頭，一方面是為了引人注目，一方面是為了強調「我」與「做自己」這兩個品牌價值。功能價值方面，iPhone提供了優質的顧客體驗＝**顧客介面**（Customer Interface，簡稱CI），讓用戶使用起來更加順手方便；情感價值方面，iPhone讓用戶感到「自豪感」與「信任感」。這些價值不但提升了iPhone的品牌魅力，還能進一步產生顧客價值，協助顧客活出自我，用自己的方式過活。

Apple 哲學

對設計的堅持與執著

Apple 於 1997 年一度面臨倒閉危機，後來賈伯斯重新掌權，憑著他對設計的堅持與執著，陸續推出 iMac、iPad、iPhone 等革命性產品。

要簡單！

體貼用戶

完美細節

凡事為用戶著想

重點明確

平易近人

07 【Apple ③】不再依賴 iPhone

Apple 的服務事業目前也是蒸蒸日上。值得注意的是，Apple 於 2020 年推出套裝訂閱服務 Apple One，是否能成為他們擴張服務事業版圖的關鍵呢？

2020年9月，Apple推出了**套裝訂閱服務「Apple One」**，讓用戶一次享有「Apple Music」、「Apple TV+」、「Apple Arcade」、「iCloud儲存空間」四種服務。只要你身處指定的100多個國家或地區，並擁有Apple ID，就可以透過iPhone、iPad、iPod touch、Apple TV、Mac等裝置享受上述四種服務。因任何Apple裝置都可享有服務，對用戶而言具有很大的吸引力。

Apple 主力商品的變遷

硬體設備占整體營收 7 成
截至 2019 年 9 月止的全年營收金額顯示，iPhone 等硬體設備占了 Apple 整體營收的 7 成以上。

差不多該換新電腦了

好想買 MacBook Air喔！

依賴硬體

截至2019年9月止，Apple的營收數據顯示，iPhone和Mac等硬體設備占了整體營收7成以上，**服務事業雖然只有18%，但已經比2014年成長了2.5倍以上**。「Apple One」以較便宜的價格整合四種服務，減輕用戶使用上的負擔，成為鞏固Apple服務事業的重要一環。這不禁讓人好奇，今後Apple會用什麼方法，讓自己在眾多訂閱服務中脫穎而出呢？在Apple One推出之前，曾有傳言說「Apple News+」和「Apple Fitness+」也包含在整合服務之中。雖然首波Apple One並無這兩個項目，但未來很有可能追加補齊。可以想見，今後Apple One的用戶只會增加不會減少。

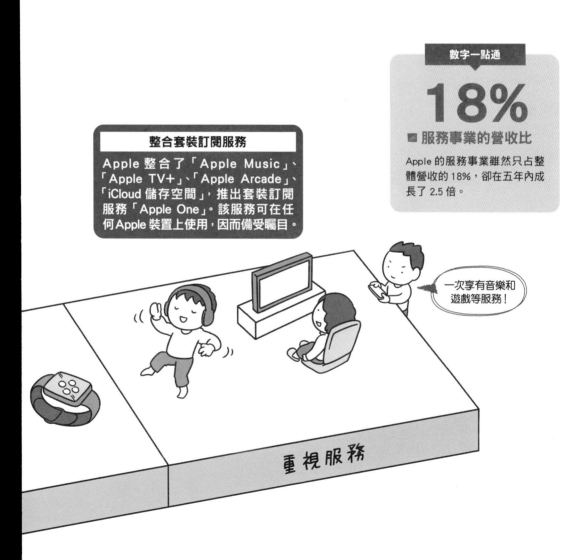

數字一點通

18%

☑ **服務事業的營收比**

Apple 的服務事業雖然只占整體營收的 18%，卻在五年內成長了 2.5 倍。

整合套裝訂閱服務

Apple 整合了「Apple Music」、「Apple TV+」、「Apple Arcade」、「iCloud 儲存空間」，推出套裝訂閱服務「Apple One」。該服務可在任何 Apple 裝置上使用，因而備受矚目。

一次享有音樂和遊戲等服務！

重視服務

08 【Facebook ①】坐擁 27 億用戶的社交平台

Facebook 本就擁有龐大的用戶，收購 Instagram 後又納入一眾新用戶，成為萬眾矚目的行銷平台。

Facebook公司有五大商業骨幹，分別為Facebook、Instagram、Messenger、通訊應用程式WhatsApp，以及**虛擬實境**科技公司Oculus。**Facebook是人與人的連結平台——「社群網路」的核心企業，用戶數遠遠高於其他網站**。2020年6月的Facebook**月活躍用戶**（Monthly Active User，簡稱**MAU**）高達27億人。所謂「月活躍用戶」，是指擁有Facebook帳號，每個月會登入「Facebook」、「Messenger」至少一次的用戶。

數字一點通

27 億人

■ Facebook 的月活躍用戶

Facebook 擁有 27 億個月活躍用戶，數量遠遠超過其他社群網站。順帶一提，推特的月活躍用戶為 3 億人。

② Instagram
上傳分享照片的社群網路。網紅、網美的貼文對大眾的消費動態影響甚大。

① Facebook
創辦人祖克柏與愛德華·薩維林一同建立的社群網站始祖。

讚

能加到 100 個好友嗎？

#IG

網美照！

Facebook的月活躍用戶在全球都呈現大幅上升的狀態,包括北美、歐洲、亞洲以及其他地區,Instagram和WhatsApp的用戶也不斷增加。近年Facebook還推出了影片平台「Facebook Watch」,新服務如雨後春筍般冒出。他們的商業模式為「提供人與人的連結平台,盡可能增加平台的使用人數,藉此採集數據,發布精準的廣告以營利」。Facebook以用戶資料為基礎,提升廣告精準度,**這使他們成為首屈一指的行銷平台**。只要使用「**Audience Network**」服務,就能在Facebook的合作App上發布廣告。

Facebook的五大商業骨幹

④ Messenger
可傳送文字、語音通話的即時通訊 App,跟 Facebook 是綁在一起的。

等你聯絡喔!

哈囉

③ WhatsApp
可傳送文字、照片、影片的免費通訊軟體,特色是可共享位置資訊。

世界變大了

最近還好嗎?

簡單互動

⑤ Oculus
專門開發虛擬實境軟體、硬體的公司。

視覺革命

09 【Facebook ②】商業模式大轉型

個資洩漏問題對科技產業造成莫大的影響，為此，Facebook宣布將以「重視隱私」為願景，進行商業模式大轉型。

為什麼Facebook會接二連三爆發個資外洩等問題呢？一般認為，這是因為Facebook執行長祖克柏對個資安全的認知不足。他在某種層面上的傲慢，將整件事情帶向負面發展。**目前世界各國對Facebook獨占龐大個資這件事備感憂心，紛紛熱議是否該制定相關規範**。面對這樣的聲浪，祖克柏在2019年3月於他的Facebook頁面上，發表一篇名為「以重視隱私為社交網路願景」的長文。

向全世界發送個人意見

全世界都能取得我的資料

開放型平台

One point

Facebook淪為2016年美國總統大選的假訊息溫床後信用大傷，另外也被各界指責對個資安全不夠重視。

該文章宣布，Facebook將從以往的開放型平台，轉型為像**騰訊**、**LINE**這種以小群體交流為主的「**私訊型平台**」。他們決定以新原則保留舊有平台，包括訊息和貼文的加密、短時間內清除私訊等。Facebook這麼做，無疑是為了恢復自己的信譽，安撫各界對個資洩漏的疑慮。但可想而知，這個決策在短期內，將會對Facebook的事業發展和收益面產生很大的影響。想必Facebook已經做好了相當程度的覺悟，希望能透過這樣的宣言，**向內外宣示他們賭上企業生命也要尋求重生的決心**。

Facebook的求生戰略

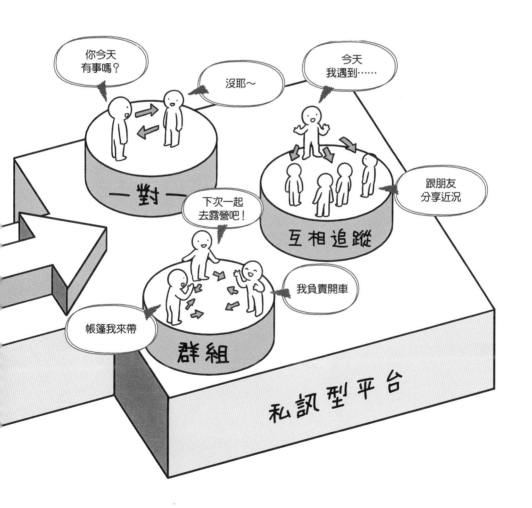

10

【Amazon ①】
世界第一的顧客至上主義

 Amazon 奉行「顧客至上主義」，盡可能地滿足消費者需求。而這種專攻顧客體驗的企業戰略，起源於貝佐斯畫在餐巾紙上的一張商業模式圖。

Amazon對「顧客」有明確的定義，分別是**買家、賣家、開發商、企業組織，以及內容創作者五種類型**。買家是指Amazon 本身的 **B to C**（Business to Customer，商家對顧客）顧客，其他四種則是 **B to B**（Business to Business，商家對商家）顧客；其中，賣家指的是在Amazon上銷貨的商家，開發商是指AWS的顧客，內容創作者則是在影音平台Amazon Prime Video上發布影片的人。

Amazon 的五種顧客

執行長貝佐斯在創辦Amazon時，將商業模式畫在一張餐巾紙上。該圖顯示，只要增加「商品選項」，讓顧客擁有更多選擇，顧客滿意度就會上升，進而提高「顧客體驗」。一旦顧客體驗升高，「流量」就會增加，提升Amazon網站的人潮。這麼一來，就會有更多「賣家」到Amazon展店，讓商品更多樣化、顧客體驗值更高，進而形成一種良性循環。但貝佐斯認為，**只靠這套循環是無法「成長（擴大事業版圖）」的**，還需要有「低成本結構」和「低價格」。

AWS 是什麼？

AWS 是「亞馬遜網路服務」的英文縮寫。Amazon 提供超過一百種雲端運算服務，包括伺服器、硬碟、資料庫等，而 AWS 是這些服務的總稱。

one point

AWS 可協助企業壓低投資在設備上的初期成本。只要你有一台電腦、能連上網路，就能使用 AWS 的雲端伺服器、大容量雲端硬碟、高速資料庫等。

AWS

這本書最近很暢銷呢！

這本書真好看！

商	賣家	消費者
（商家間的交易）		BtoC(商家與消費者間的交易)

【Amazon ②】
電子商務與網路服務兩大事業

Amazon 的電子商務事業採薄利多銷，利潤很低。相較之下，AWS 的雲端事業成長得非常快速，創造出極高的利潤。

　　由於Amazon是在網路上進行商品服務買賣，所以給人一種「**電子商務**公司」的形象。但其實，目前Amazon電商事業的**營業利益率**（營業損益除以總營收所得到的數值）只有5～6%。營業利益率能看出「事業的獲利效率優劣」，數值愈高代表獲利效率愈佳。順帶一提，2019年雅虎公司的營業利益率為15%。Amazon電商事業自創辦以來長期執行成長戰略，但最後的成果不是僅有「微薄的盈餘」就是「虧損」。

Amazon 的兩大事業支柱

看到這裡一定有人心想，Amazon的營收不是不斷上漲嗎？他們把這些利潤用到哪去了？答案是開發新商品和新服務。也就是說，**Amazon超前部署，他們的目標不在短期利潤，而是投資新事業以擴大長期版圖**。在這樣的情況下，AWS的業績不斷上漲。AWS於2006年開始發展雲端事業，一開始他們是抱著測試的心態，沒想到勢如破竹，年營收於2020年4月突破400億美元。**雖然Amazon在大眾心中是電商的形象較為強烈，但事實上，AWS經過大幅成長，已在雲端運算市場握有3成市占率**。如今Amazon正將高利潤的AWS擴展至B to B，雲端事業將與電商事業成為Amazon一體兩面的兩大支柱。

One point

Amazon的營收顯示出其事業多角化的成功，50.4%為網路商店，其他事業則接近5成。

Amazon RDS
Relational Database Service，關聯式資料庫
建立在伺服器上的資料庫服務。

Amazon S3
Simple Storage Service，簡易儲存服務
網路硬碟，可用來備份資料。

Amazon EC2
Elastic Compute Cloud，彈性雲端運算
網路上的虛擬伺服器，可依需要改變容量。

AWS Lambda
無伺服器運算
可在無伺服器的狀態下執行程式。

壓低初期投資

AWS（亞馬遜網路服務）

【Amazon ③】
成長基石「第一天文化」

Amazon 的執行長貝佐斯奉「第一天（Day1）」一詞為圭臬。不禁令人好奇，這個詞藏有何種深意，竟能讓 Amazon 對「大企業病」免疫。

Amazon已然成為一間巨型企業，但他們仍然堅持進行破壞式創新，接二連三地締造成功。執行長貝佐斯在2019年致股東信的最後寫到：「即便在當前這種情況下，我們仍要保持**第一天**心態。」貝佐斯的「第一天」是指「創業第一天」，**他經常在演說和訪問中強調企業保持「第一天活力」的重要性**。相對地，他也用「**第二天**（Day 2）」一詞來批判企業遺忘創業初衷，罹患「大企業病」而走向衰敗的狀態。

維持「第一天心態」的四大法則

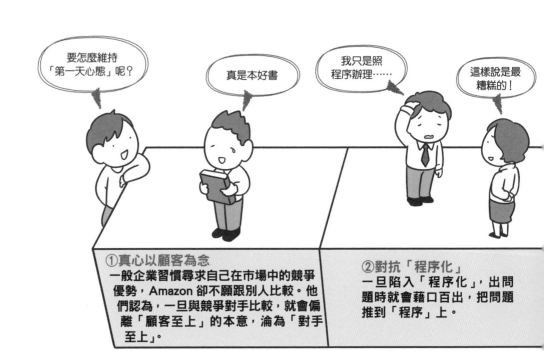

①真心以顧客為念
一般企業習慣尋求自己在市場中的競爭優勢，Amazon 卻不願跟別人比較。他們認為，一旦與競爭對手比較，就會偏離「顧客至上」的本意，淪為「對手至上」。

②對抗「程序化」
一旦陷入「程序化」，出問題時就會藉口百出，把問題推到「程序」上。

2017年的Amazon年報提出了四條避免陷入「第二天狀態」的法則，分別是「真心以顧客為念」、「對抗『程序化』」、「快速應對新趨勢」、「高速決策系統」。在每年公開寫給股東的信中，貝佐斯一定會附上「1997年的致股東信」，向股東強調Amazon對「第一天」的信念自1997年起至今不變。此外，貝佐斯無論搬到哪一棟辦公大樓，都會將那棟大樓取名為「第一天」。沒錯，貝佐斯就是這麼重視**「第一天」這個詞，「第一天」也是學習Amazon企業文化最重要的關鍵字之一**。

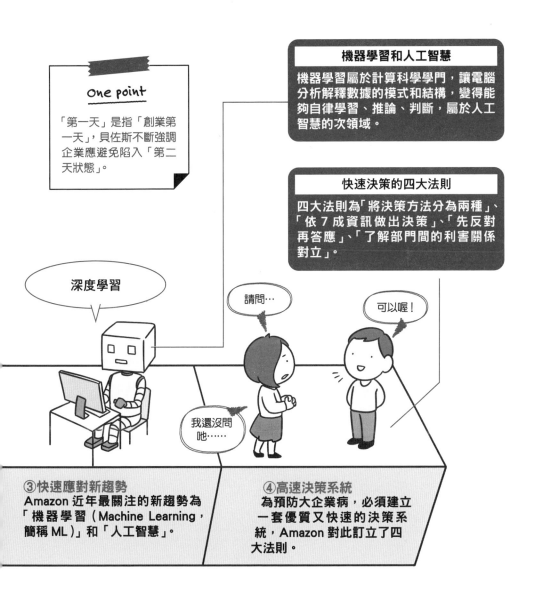

one point

「第一天」是指「創業第一天」，貝佐斯不斷強調企業應避免陷入「第二天狀態」。

機器學習和人工智慧

機器學習屬於計算科學學門，讓電腦分析解釋數據的模式和結構，變得能夠自律學習、推論、判斷，屬於人工智慧的次領域。

快速決策的四大法則

四大法則為「將決策方法分為兩種」、「依7成資訊做出決策」、「先反對再答應」、「了解部門間的利害關係對立」。

深度學習

請問…

可以喔！

我還沒問牠……

③**快速應對新趨勢**
Amazon近年最關注的新趨勢為「機器學習（Machine Learning，簡稱ML）」和「人工智慧」。

④**高速決策系統**
為預防大企業病，必須建立一套優質又快速的決策系統，Amazon對此訂立了四大法則。

13 【Amazon ④】 行銷 4.0

菲利普 • 科特勒提出了「線上(Online)和線下(Offline)無縫融合」的「行銷 4.0」概念,而將這套概念付諸實行的正是 Amazon Books(亞馬遜書店)。

「**行銷4.0**」是「行銷學之神」——經濟學家**菲利普・科特勒**提出的概念。他指出,從新型顧客的特性可看出,行銷的未來在於「如何在整個**顧客旅程**中,進行線上和線下的(無縫)融合」。「顧客旅程」是指顧客從對商品或服務產生興趣,到最終購入或使用的整個過程。

Amazon 的「行銷4.0」

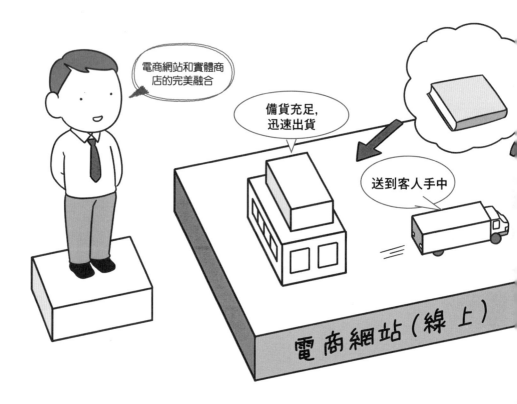

科特勒認為，**現代消費者握有選擇權，可在顧客旅程中自由往來線上和線下，電商網站（線上）和實體商店（線下）融合為一的時代即將來臨**。Amazon Books實際做到了「行銷4.0」，Amazon用戶可在線上和線下間自由往來。若有想要的書，可上Amazon網站下訂；若當下就要閱讀，可選在Kindle購買；若想買實體書，則可實際走訪Amazon的實體書店Amazon Books。**正因為Amazon是一間能將「大數據×人工智慧」運用自如的科技企業，才能做到行銷4.0。**

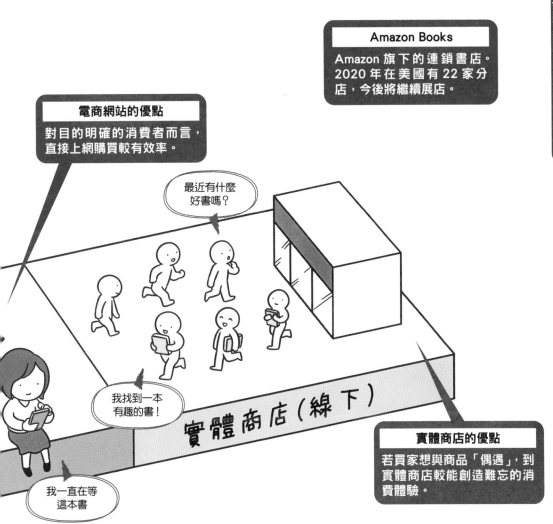

Amazon Books
Amazon 旗下的連鎖書店。2020 年在美國有 22 家分店，今後將繼續展店。

電商網站的優點
對目的明確的消費者而言，直接上網購買較有效率。

最近有什麼好書嗎？

實體商店（線下）

我找到一本有趣的書！

我一直在等這本書

實體商店的優點
若買家想與商品「偶遇」，到實體商店較能創造難忘的消費體驗。

14 【Amazon ⑤】新世代服務戰略

Amazon 旗下已有許多新世代服務上路，像是無人商店「Amazon Go」、人工智慧助理「Amazon Alexa」、無人運輸服務「Prime Air」等。

2018年1月，Amazon於美國西雅圖開設了第一間無人商店「**Amazon Go**」。事實上，Amazon早已開設各種型態的實體商店，Amazon Go就是其中之一。顧客只要用智慧型手機下載App，登入Amazon帳號，即可進入Amazon Go，將所需商品裝入店裡的購物袋或自備的環保袋，離店時在門口掃一下QR Code即完成購物流程。無須排隊結帳，Amazon會直接從帳號中扣除購物金額。這麼一來，**不但能讓顧客享有全新的購物體驗，還能取得顧客到實體商店消費的相關數據。**

Amazon 的新世代服務

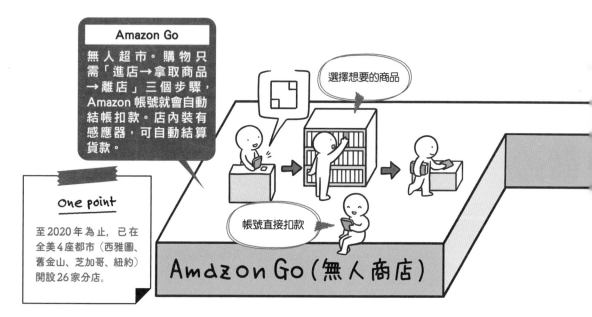

Amazon Go

無人超市。購物只需「進店→拿取商品→離店」三個步驟，Amazon 帳號就會自動結帳扣款。店內裝有感應器，可自動結算貨款。

選擇想要的商品

帳號直接扣款

Amazon Go（無人商店）

one point

至 2020 年為止，已在全美4座都市（西雅圖、舊金山、芝加哥、紐約）開設26家分店。

此外，Amazon還釋出可裝載語音辨識人工智慧助理——「Amazon Alexa」的開發工具，供其他企業將產品與Alexa做結合。到2019年1月止，已有超過2萬種機器裝載Alexa，**從智慧家庭到智慧汽車樣樣都有，「Alexa經濟圈」正逐漸成形。**2020年8月，Amazon的無人機送貨服務——「**Prime Air**」成功取得美國聯邦航空總署（FAA）的核可，Amazon也正式多了一個「航空運輸業者」的身分。相信今後Amazon也會繼續開發新服務，為其他行業和企業帶來「破壞式創新」。

Alexa
Amazon 推出的人工智慧助理，可幫人播放音樂、查詢天氣、操控電視和照明、網路購物等。

Alexa，
今天天氣如何？

Amazon Alexa
（人工智慧助理）

到貨囉！

這是您的包裹

Prime Air
目前仍在策畫中的無人機宅配服務，目標是在訂貨後 30 分鐘內送達。

Prime Air（航空運輸）

最強搜尋引擎的創始人之一

謝爾蓋・布林

Google

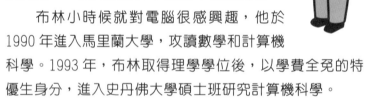

　　1973 年，謝爾蓋・布林誕生於蘇聯（俄羅斯的前身）莫斯科的一個猶太家庭。他的父親是一名在馬里蘭大學任教的數學教授，母親是美國國家航空暨太空總署（NASA）的研究員，一家人在布林 6 歲那年移民美國。

　　布林小時候就對電腦很感興趣，他於 1990 年進入馬里蘭大學，攻讀數學和計算機科學。1993 年，布林取得理學學位後，以學費全免的特優生身分，進入史丹佛大學碩士班研究計算機科學。

　　布林在史丹佛大學展現出對網際網路的興趣，他開始研究搜尋引擎、如何從未結構化資源中抽取資訊、如何在龐大的文字資訊和科學數據中進行資料探勘等，並在校園內認識了日後一同創立 Google 的夥伴 —— 佩吉。

　　布林和佩吉一開始相處得不太好，但他們有個共同

的關注議題，那就是「製作一個能在龐大資料群中找出相關資訊的搜尋系統」。因此，他們合作寫了《大規模超文字型網路搜尋引擎之相關分析》這篇論文，還在博士班時休學，於 1998 年共同創辦了 Google 公司。

　　布林非常關注能源和地球暖化問題，他透過 Google 大量捐款給開發替代能源的研究機關，也經常受邀至國際會議、商務科技論壇發表演說。
　　2008 年 6 月，布林對外宣布他已向太空探險公司（Space Adventures）預約了太空旅行，並已支付 500 萬美元頭期款。

　　2019 年 12 月，布林和執行長佩吉同時對外宣布，辭去字母控股公司的主席一職。

Chapter
03

GAFA
everyone's notes

財務報表會說話：
看清GAFA的營利機制

從數字
看戰略！

GAFA 強大的祕密就隱藏在財務報表中！相較於 Apple 和 Facebook
這種高利潤的高收益體質企業，Amazon 將利潤置於度外，用積極投
資的方式維持成長。

01 資產報酬率大比拼！GAFA 的財務狀況

GAFA 這四家公司的財務狀況各是如何呢？本章要帶大家看看 GAFA 的資產報酬定位圖，透過總資產周轉率、營業利益率，來比較 GAFA 的財務狀況。

　　本章要使用「**資產報酬率（ＲＯＡ）定位圖**」來進行GAFA的財務分析。「資產報酬率定位圖」是一種橫軸為**總資產周轉率**、縱軸為**營業利益率**的財務分析手法。**「資產報酬率（Return on Assets，簡稱ＲＯＡ）」又可稱為「總資產報酬率」，是以「稅後淨利÷總資產」計算**，也可分解為圖中的總資產周轉率（營收÷總資產）×營業利益率（當期淨利÷營收）。事實上，比起「稅後淨利」，「營業利益（本業的獲利）」更能看出企業的實際財務狀況，因此，有些公司會以「營業利益÷總資產」來計算資產報酬率。

可用來比較財務狀況的「ROA定位圖」

總資產周轉率是以「營收÷總資產」計算，能看出「該年度營收上的資產運用效率」。營業利益率則是「營業利益÷營收」，數值愈高代表生產力愈強。從橫軸我們可以發現，Google、Apple、Facebook的總資產周轉率較低。為什麼呢？因為他們積極拿資本進行新投資。從縱軸來看，除了Amazon以外，其他三家公司的營業利益率都是出奇地高，其中又以Facebook收益居冠。

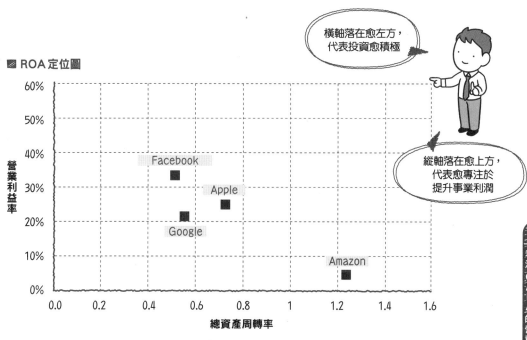

■ ROA 定位圖

■ GAFA 的財務指標

	總資產周轉率	營業利益率	資產報酬率
Google	0.59	21.15%	12.41%
Apple	0.77	24.57%	18.89%
Facebook	0.53	33.93%	17.98%
Amazon	1.25	5.18%	6.46%

※來源:各公司的公開資料(Amazon、Google、Facebook:2019年12月止的年度財報／
　Apple:2019年9月止的年度財報)

02

GAFA

【Google】
將本業的廣告收益轉投資

Google 的營收有 8 成來自廣告事業，但近年廣告事業的成長率逐漸趨緩，YouTube 和雲端服務則節節攀升。

　　從GAFA的ROA定位圖可看出，Google的總資產周轉率與Facebook差不多，營業利益率卻比較低。**這代表Google將本業廣告事業所賺取的高利潤，轉投資到其他各種事業上**。Google母公司字母控股2019年度的營收為1618億美元，比前一年上升了18.3%；營業利益為342億美元，上升了24.4%；淨利為343億美元，上升了11.7%。除了占營收8成以上的廣告事業，YouTube廣告比前一年增加了35.8%，Google雲端增加了52.8%，是近期Google備受矚目的事業。

ROA 大解析：Google 的企業體質

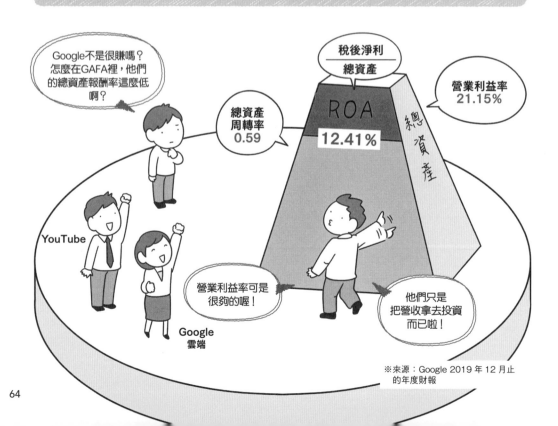

Google不是很賺嗎？怎麼在GAFA裡，他們的總資產報酬率這麼低啊？

$$\frac{稅後淨利}{總資產}$$

營業利益率
21.15%

總資產
周轉率
0.59

ROA
12.41%

總資產

YouTube

Google
雲端

營業利益率可是很夠的喔！

他們只是把營收拿去投資而已啦！

※來源：Google 2019 年 12 月止的年度財報

64

字母控股2019年度的財報顯示，就營收結構而言，Google的網站廣告收入高達8成，但近年成長率出現停滯現象，**反觀YouTube和雲端的成長率卻是不斷攀升**。Google雲端事業2019年的營收是2017年的2倍以上，其主要服務為「**Google雲端平台**」和「**G Suite**」，前者供用戶使用Google系統，後者則是群組軟體服務。

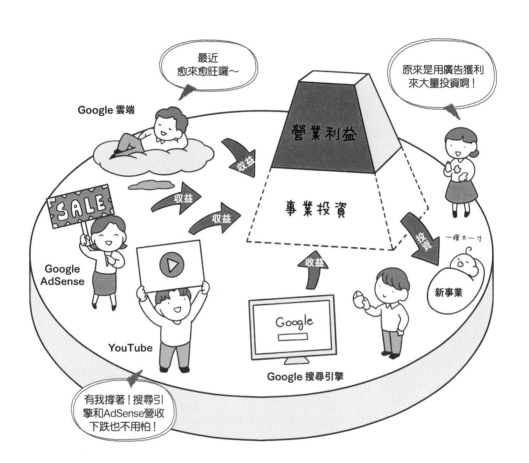

數字一點通

◾ YouTube 和雲端事業的營收總額

240億美元

Google 2019 年的總營收為 1618 億美元，由 Google 網站的廣告事業居冠，占 981 億美元。其次為 YouTube 的 151 億美元，以及 Google 雲端的 89 億美元，兩者加起來有 240 億美元，成為 Google 網站廣告以外的最大收入來源。

03 【Google】疫情受創！ 自上市以來首度營收下滑

面對新冠疫情，Google 是 GAFA 中營收受創最大的一個，這其實跟 Google 的廣告主有關。

2020年7月，Google母公司字母控股公布了第2季度（4～6月）的結算報告。營收總額為382億9700萬美元，較前一年同期跌了2%，淨利則下跌整整3成，降為69億5900萬美元。而Google在美國網路廣告的市占率，也從2019年的31.6%跌至29.4%，廣告點閱數和**轉換率**（網站訪客購買商品或服務的比例）的平均值因而大幅下滑。

新冠疫情下的Google

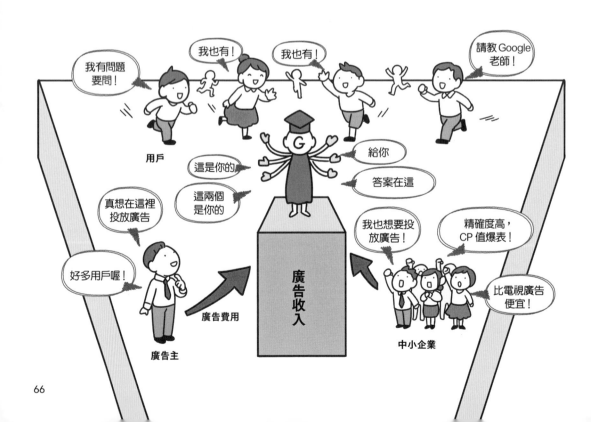

這是Google自2004年上市以來第一次營收下跌。數據顯示，網站訪客變得較少點閱廣告並購買商品。為什麼呢？**很大的原因是因為受到新冠肺炎（COVID-19）的疫情影響**。Google的廣告主多為中小企業，而**旅遊廣告又是他們網路廣告的主要收入來源之一。旅行業者在疫情期間無法投放廣告**，才導致Google營收下跌。而填補這個坑的，正是YouTube和雲端事業。相對於Google的受創，疫情期間在網路上購物和購買端末機的人愈來愈多，導致Amazon和Apple兩家公司的營收急速飆升。此外，Facebook雖然營收增加，但他們的收入也是以廣告為主，今後的走向值得關注。

04 【Apple】 GAFA 中的收益王

Apple 靠主力商品 iPhone 創下傲人的營業利益率，卻在 2019 年發生了「Apple 危機（Apple Shock）」。今後 Apple 發展走向會是如何呢？

Apple位於ROA定位圖的中央。這代表他們擁有各種選擇，卻也意味著，比起新投資，Apple過去在經營上更注重現有的業績與股價。**Apple能創造高收益，很大的原因在於他們將重點放在iPhone等產品**。Apple 2019年9月止的全年營收為2602億美元，營業利潤為639億美元，淨利為553億美元，**營業利益率**為639億美元÷2602億美元＝24.6%。

ROA大解析：Apple的企業體質

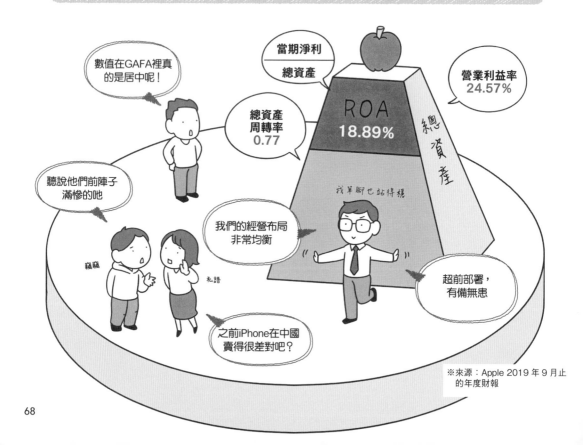

※來源：Apple 2019 年 9 月止的年度財報

根據日本財務省公布的〈2018年度法人企業統計調查〉，日本國內製造業的營業利益率平均為4.6%，跟Apple事業較相近的「資訊通訊機器類」為4.5%，可見Apple的「24.6%」是多麼優秀的數字。然而在2019年1月，Apple卻迎來了一場「**Apple危機**」。當時Apple因為iPhone在中國銷量不佳，2018年10～12月的業績遠低於原本預期，導致全球股價下跌。不過，Apple並非只有iPhone這個主力硬體商品，其生態系統還包括軟體和服務，商業模式相當穩固，所以至今仍屹立不搖。

數字一點通

☑ 服務事業成長金額

自2017年到2019年，Apple的服務事業營收已從327億美元上漲到463億美元。

136億美元

05 【Apple】電腦和 iPad 神助攻！營收利潤不斷攀升

GAFA

隨著異地辦公、在家上課等防疫需求增加，Apple 的營收在疫情下仍不斷成長。

2020年7月，Apple公布了第3季度（4～6月）的業績報告。**該季度的營收為597億美元，較前一年同期上漲了11%，創下歷年第3季度中的最高紀錄**，且利潤也超過原本預想的數字，來到112億500萬美元（前一年同期為100億4000萬美元）。各產品的利潤方面，iPhone為264億2000萬美元，較前一年同期多了1.7%；服務事業為131億6000萬美元，增加了14.9%；Mac為70億8000萬美元，增加了21.6%；iPad為65億8000萬美元，增加了31%；穿戴式智慧裝置和家庭部門為64億5000萬美元，增加了16.7%。

新冠疫情增商機：Apple 業績意外成長

自疫情爆發後，民眾減少外出，在家上班上課，導致**iPad、Mac、服務事業呈現雙位數上漲，且全球各地都有所成長**。而iPhone的營收之所以上升，是因為Apple推出了低價小螢幕的**iPhone SE**。執行長**提姆‧庫克**對此表示：「這些數字證明了Apple的革新無窮無盡，我們的產品在顧客生活中擔任了舉足輕重的角色。（略）我們製作的產品、從事的工作一直在創造機會。Apple一直在執行我們的原則——將自己呱呱落地的這個世界變得更好，然後留給下一代。」這段宣言讓大家明白，即便在疫情之下，Apple所提出的願景依舊不受影響。

03
財務報表會說話：看清GAFA的營利機制

06 【Facebook】利益率高達 34%

GAFA

Facebook 以「連結」為事業重心，以廣告收入創造了傲人的高收益。在高收益體質的加持下，Facebook 的總市值也享有高度評價。

Facebook的營業利益率在GAFA中高得驚人。這主要得歸功於兩點，**一是Facebook一路走來專注於發展數位虛擬事業，建構出高收益基礎；二是他們以「連結」為事業重心，靠本業保持高利潤率**。Facebook的收益結構非常簡單明瞭，他們截至2019年12月為止的全年營收為707億美元，其中廣告事業就高達697億美元，占了整體的98.6%。

ROA大解析：Facebook的企業體質

- 營業利潤率大放異彩！
- 稅後淨利／總資產
- 營收營業利益率 33.93%
- ROA 17.98%
- 總資產
- 與世界連結
- 這是我們發展「連結」的成果！
- 總資產周轉率 0.53
- 我們還併購了Instagram，營收蒸蒸日上！

※來源：Facebook 2019 年 12 月止的年度財報

Facebook同年的營業利益為240億美元，營業利益率高達33.9%，這在網路科技企業中也是獨占鰲頭的漂亮成績。2020年10月，Facebook的總市值為6358億美元，這樣的**高收益體質**（高利益率）讓他們在美國股市享有第六名的高度評價。從ROA定位圖可看出，Facebook在美國科技業企業中不但是收益冠軍，還是最踴躍於新投資的一個。他們積極投資人工智慧、虛擬實境、擴增實境，這些投資一旦開花結果，**Facebook很有可能成為虛擬實境與擴張實境的平台**。

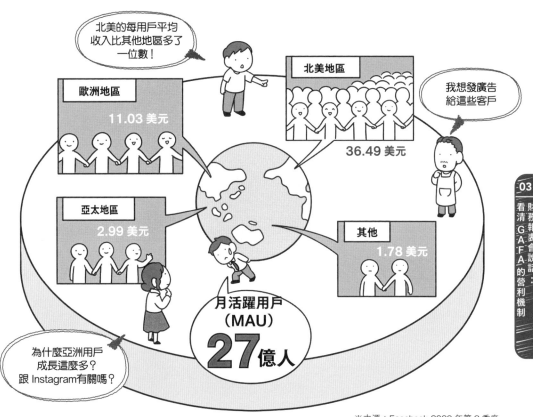

※來源：Facebook 2020 年第 2 季度
（4～6 月）結算資料

數字一點通

☑ 半年增加的月活躍用戶數

Facebook 於 2019 年 12 月的月活躍用戶數為 25 億，然後在短短半年內增加了 2 億人。

2億人

【Facebook】在家防疫增商機！營收利益大躍進

隨著在家防疫的需求增加，Facebook的業績不斷攀升。但近期有企業對Facebook發起了「廣告抵制運動」，今後的動態值得注目。

Facebook於2020年7月發布了第2季度（4～6月）的財報，**該季度的營收為186億8700萬美元，較去年同期成長了11%；淨利為51億7800億美元，上升了98%**。其營業利益率為32%，較去年同期上升了5%，但比上一季度減少了1%。服務事業Facebook網站方面，月活躍用戶為27億100萬人，上升了12%；日活躍用戶（Daily Active User，簡稱DAU）也大幅增加12%，來到17億8500萬人，主力廣告收入也隨之大漲10.2%。

新冠疫情增商機：Facebook用戶數增加

執行長祖克柏對此表示：「每個月有超過31億人透過我們的家族服務來彼此連結，有超過1億8000萬家企業使用Facebook工具與顧客保持連結，整體服務有超過900萬的廣告主積極投放廣告。」隨著美國「**黑人的命也是命抗爭運動**（Black Lives Matter，簡稱BLM）」持續延燒，民眾認為Facebook利字當前，不願刪除仇恨言論、偏見、種族歧視、反猶太主義、暴力等相關貼文，**這進一步導致企業聯合發起「拒用仇恨牟利運動（Stop Hate for Profit）」，拒絕在Facebook投放廣告。**有超過一千家企業響應該運動，包括星巴克、聯合利華（Unilever）、好時巧克力（Hershey's）等，各界都相當關注這場運動可能對Facebook造成的影響。

08 【Amazon】「投資擺中間，利潤放兩邊」的低收益戰略

Amazon 比起提升獲利，更致力於運用資金投資事業。這樣的「低利益率戰略」讓他們在商場獨樹一幟，建立出獨一無二的特殊地位。

執行長貝佐斯曾公開對外宣布，Amazon的**經營戰略、財務戰略**是「不求利潤，將現金流用於投資」，這套戰略也如實反映在ROA定位圖上。Amazon目前處於「想賺錢隨時可賺」的狀態，只是他們決定先壓低利益率，將錢拿去投資事業。他們的金雞母—— AWS營業利益率高達26%，**但他們將AWS的盈利拿去開發其他事業，以維持超高速成長。**

ROA大解析：Amazon的企業體質

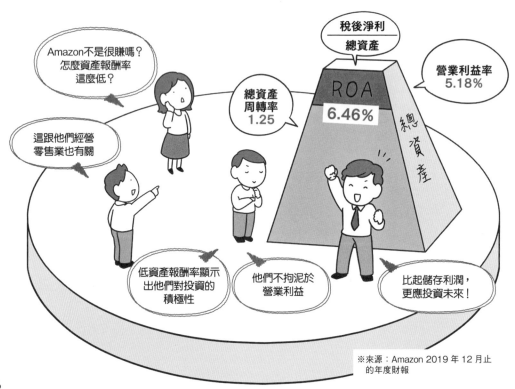

※來源：Amazon 2019 年 12 月止的年度財報

Amazon對外強調：「公司的利潤將以低價的形式回饋給顧客。」事實上，這些回饋只不過是其中一部分，有更多資金用於投資上。Amazon的決策就現階段而言是成功的，雖然不是所有商品跟服務都降價，但低價已成為吸引顧客的一大主因。不僅如此，低利潤戰略還有「排除競爭對手」的效果。貝佐斯**透過這種「降低利益率」的政策，在能力範圍內將資金轉向投資，急速擴張事業版圖，為Amazon在商場上確立獨一無二的地位，令其他公司望塵莫及。**

09 【Amazon】電商屢創佳績，淨利持續翻倍

面對來勢洶洶的新冠疫情，Amazon 花費大筆費用祭出抗疫對策，創下公司創立以來的獲利最高紀錄。為什麼 Amazon 能在同業之中傲視群雄呢？

Amazon 2020年第2季度（4～6月）的財報顯示，他們的營收增加了4成，來到889億美元，營業利益則是52億美元。北美電商事業方面，營收為554億4000萬美元，營業利益為21億4000萬美元。北美以外的事業營收為226億7000萬美元，營業利益為3億4500萬美元。AWS的營收比去年同期增加29%，來到108億1000萬美元，營業利益為33億6000萬美元。Amazon近年確立的商務結構基本未變，還是採取電商和AWS雙柱鼎立的模式。

一路走來持續成長的 Amazon 電商

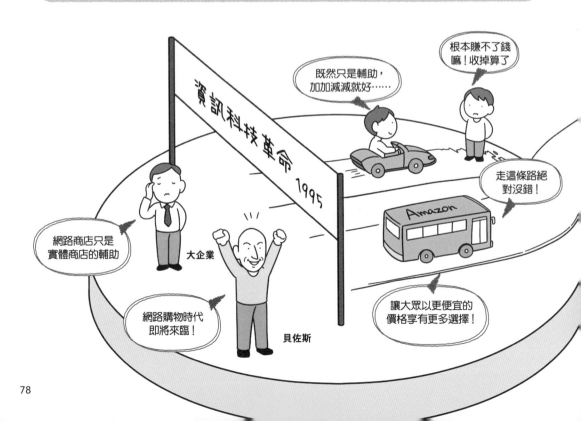

事實上，Amazon該季度為因應**新冠肺炎**防疫對策，特別規畫了40億美元的經費，但還是**創下1994年成立以來最高的季度利益**。原本以為Amazon的成長率已來到最高點、不會再上升了，沒想到疫情導致電商需求大增，使得成長率上漲，淨利也大幅攀升。此外，AWS用戶也不斷增多，Amazon的雲端事業大躍進指日可待。Amazon的電商事業一直秉持創業以來的精神──「零售業的重點在於提升經驗價值，所以貨品一定要齊，價格一定要低」，一路走來以電子商務平台Amazon Marketplace不斷擴大服務，最終跨足各大市場，成功建立「**什麼都賣商店**」。他們長年來的表現深受大眾信任，因而獲得廣大用戶的支持。

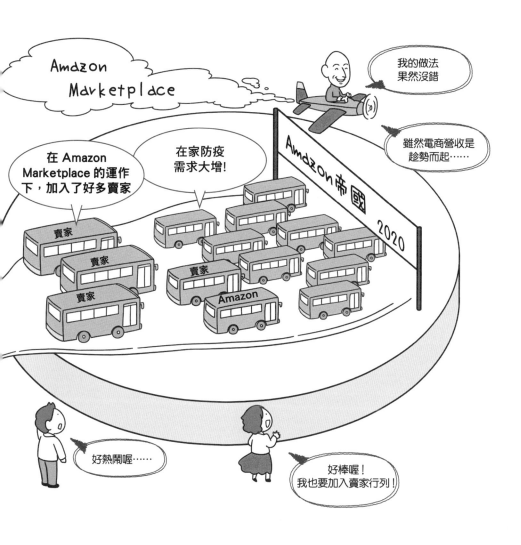

深受員工愛戴的第二代印度裔執行長

桑德爾·皮查伊

Google

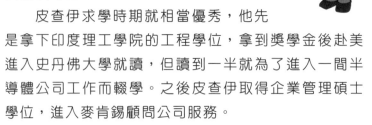

　　桑德爾·皮查伊於 1972 年 7 月 12 日生於印度的一個泰米爾人家庭。他的父親經營一間零件組裝工廠，但家裡的經濟條件非常差，在皮查伊 12 歲前都沒有裝電話。

　　皮查伊求學時期就相當優秀，他先是拿下印度理工學院的工程學位，拿到獎學金後赴美進入史丹佛大學就讀，但讀到一半就為了進入一間半導體公司工作而輟學。之後皮查伊取得企業管理碩士學位，進入麥肯錫顧問公司服務。

　　2004 年，皮查伊加入 Google 團隊，年紀輕輕就主持了網頁瀏覽器 Google Chrome、Android、作業系統 Chrome OS 等主力事業，並致力於發展電子郵件 Gmail 和開發 Google 地圖。皮查伊在 Google 內平步青雲，於 2014 年 10 月升為產品高級副總裁。曾有傳

言說皮查伊可能成為微軟公司的新任執行長，但他終究未離開 Google。

2019 年 10 月，皮查伊對外宣布，Google 的量子電腦只花了 200 秒，就成功解開目前全球最快的超級電腦需花費 1 萬年的運算。皮查伊表示：「這次的突破，讓量子電腦的實用化又向前邁進了一步，我們可以利用量子電腦開發高效率電池、用少量能源合成化學肥料、研發新藥品等。」

2019 年 12 月，皮查伊接下 Google 母公司字母控股的執行長一職，之後同時兼任 Google 執行長。皮查伊是「商務與技術皆精通的人才」，在公司內外都享有高度評價。他待人和善，凡事以協調為原則，不喜與人相爭，時常對團隊成員施予關懷，不吝對人伸出援手，是個值得愛戴的人物。難怪 Google 會指名他擔任執行長。

Chapter

04

GAFA
everyone's notes

創造創新不間斷：
GAFA的組織管理術

除了經營理念和商業模式，GAFA 的組織管理也是大眾關注的一環。本章將為各位介紹 GAFA 的組織結構、目標管理術、員工評鑑系統、雇用基準等，帶大家一窺 GAFA 這四家公司的最強組織管理術。

01 Google 的創新催化劑── 「20% 法則」

多數企業都沉浸在過去的成功中，一味追求持續式創新。而 Google 的「20% 法則」正是這種心態的剋星！

　　創新可分為「**持續式創新**」和「**破壞式創新**」。持續式創新是指迎合顧客需求，不斷改良產品與技術；破壞式創新則是衝撞舊產品的價值，發揮破壞力，建立全新的技術和價值觀。為了反映出顧客、股東、投資人的想法，巨型企業通常會著重於持續式創新，而Google身為科技巨擘的一員，自然無法避免走上這條路。

持續式創新與破壞式創新

配合顧客需求
隨時改良

持續式創新

捨棄舊法，
用全新方式
滿足顧客需求

破壞式創新

將重點放在持續式創新會發生什麼事呢？可能會被那些進行破壞式創新的企業取得先機，搶走現有地位。為避免這樣的事情發生，Google採用「**20%法則**」，**允許員工每天花20%的上班時間在不是自己的業務上**。該法則的重點在於，員工可以任意使用這20%的時間，藉此**讓員工自發性地創造「20%的破壞式創新和80%的持續式創新」**。企業一般很容易沉浸在過去的成功中，將重點放在持續性創新上，而Google的「20%法則」可幫助企業突破這樣的問題。

破壞式創新的催化劑：20% 法則

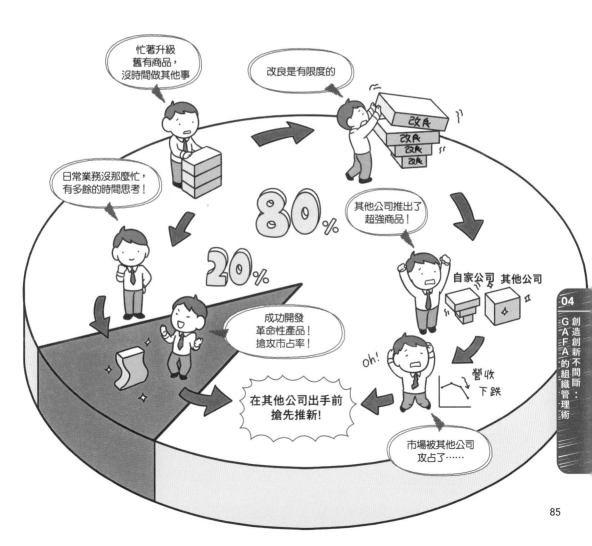

Facebook 的尖端思想——「駭客之道」

「駭客之道」是 Facebook 的特有企業文化。簡單來說，就是創意解決問題，快速做出決策。

Facebook在官方網站自稱是一間擁有「**駭客精神**」的公司。所謂的駭客文化，是指「**只要你能夠用創意解決問題、快速做出決策，就能夠得償所望**」。日經商業Online曾在一篇報導※中寫到：「『駭客（Hacker）』一般給人『濫用高度技術入侵他人網路系統』的不良印象，但Facebook不僅不避諱，還經常使用這個詞。事實上，Facebook總部就位於矽谷的駭客路一號（1 Hacker Way），他們的員工經常聚集在一家咖啡廳，那附近的廣場就叫做『駭客廣場（Hacker Square）』。廣場

Facebook 的駭客文化

對面的大樓牆面上，還掛著『駭客公司（The Hacker Company）』幾個大字。」2012年Facebook股票上市時，祖克柏在提交給美國證券交易委員會的文件中提到，Facebook孕育出一套獨一無二的「**駭客之道（Hacker Way）**」與經營方式，他們的「駭客」不是「網路駭客」的意思，而是「迅速建構某些事物或測試可行範圍的極限」的一種精神，且Facebook的「駭客」絕大多數都是希望對世界有正面影響的理想主義者。祖克柏也強調，「**駭客之道是一種持續改善、不斷重複達到完善的方法**」。「完成勝於完美」、「編碼勝過雄辯」——祖克柏的這些發言，在在象徵了Facebook的優勢與強項。

※本段文字引用、改編自日經商業Online〈Facebook新總部完美呈現「駭客精神」〉一文。

Apple 的快速決策催生術
——「平台型組織」

賈伯斯曾一度失勢而被迫離開 Apple。重新回到 Apple 後，他建立了一套簡單不複雜的平台型組織，成功引發創新。

　　1984年，Apple創辦人——賈伯斯因為嚴重誤判市場對「**麥金塔電腦**」的需求，導致電腦滯銷剩下大量庫存。隔年1985年，經營岌岌可危的Apple董事會將賈伯斯趕出了公司。然而，少了賈伯斯後，Apple內部在溝通上出現代溝，員工開始自作主張，倫理道德低落，差點在1996年破產倒閉。Apple為了得到新的電腦作業系統基礎技術，買下了賈伯斯被踢出蘋果後創立的**NeXT**公司，並請回了賈伯斯。

從金字塔型組織轉型為平台型組織

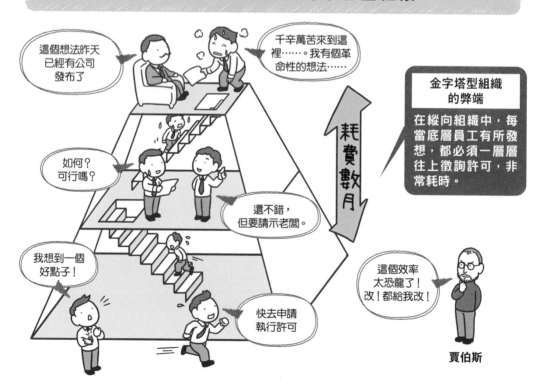

賈伯斯復職後，**僅留下電腦和作業系統等主力事業，大幅縮減其他事業部門和產品**。不僅如此，他還裁減階級，打造平台型組織。有鑑於人數愈多，團隊內的溝通就會困難重重、降低開發速度，賈伯斯將麥金塔電腦開發團隊人數壓在一百人以下，**簡化組織結構，刪減決策關卡，降低決策人數**。賈伯斯破釜沈舟，大幅重整人員和企畫，簡化產品開發，為日後Apple的創新奠定了基礎。此外，他非常保護公司的機密，這種秘密主義文化在Apple內部根深柢固，一直保留至今。

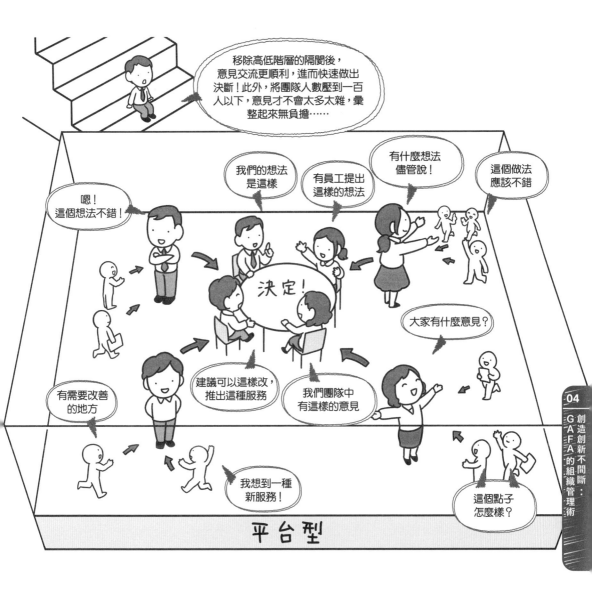

Apple 員工證背面的祕密 ——「十一條成功法則」

Apple 員工證的背面寫有「十一條成功法則」，這些法則出自 2004 年的副總裁約翰・布蘭登之手。

別看現在Apple總市值稱霸全球，2000年初他們也曾遇過經營難關。2017年，新聞網站《商業內幕》（Business Insider）刊登了一篇Apple前員工寫的文章※，內容提及**Apple員工證背面的「十一條成功法則」**，引發廣大的迴響。這十一條法則為Apple的前副總裁**約翰・布蘭登**親授，分別為①**放下過去，將未來發揮到極限**、②永遠說實話，壞消息更要提早告知、③實事求是，勇於發問、④學習當一個優秀的商務人士，而非優秀的銷售人員、⑤每個人都要清潔地板（雜事也要做）、⑥行事

Apple 的理念呈現：十一條成功法則

作風、言談、關注顧客保持專業、⑦聆聽顧客的聲音，他們就會更理解我們、⑧與合作夥伴建立雙贏關係、⑨照看彼此，共享資訊是件好事、⑩別把事情想得太難、⑪樂在其中，否則不值得。布蘭登提出這些法則時，執行長賈伯斯被診斷出罹癌，iPhone企畫才剛起步，還不確定是否能夠成功。布蘭登或許是想用這樣的方式鼓勵員工，提升公司士氣。這些法則廣受大眾好評，至今依舊受用。

※本段文字引用、改編自《商業內幕》〈Apple員工證背面的「十一條成功法則」〉一文。

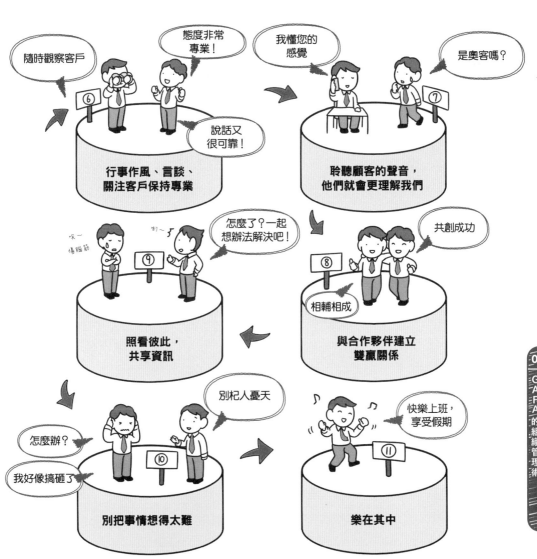

05 Google 的行動方針——「十大信條」

Google 的「十大信條」蘊含了他們過去的軌跡與未來的目標。

Google是如何建立起今天的地位？他們又在追尋什麼目標呢？這兩個問題的答案，就在Google所公布的「十大信條」之中[1]。

①以使用者為先，一切水到渠成。

②專心將一件事做到盡善盡美。

③越快越好。

④網路上也講民主。

Google 追尋目標的行動方針

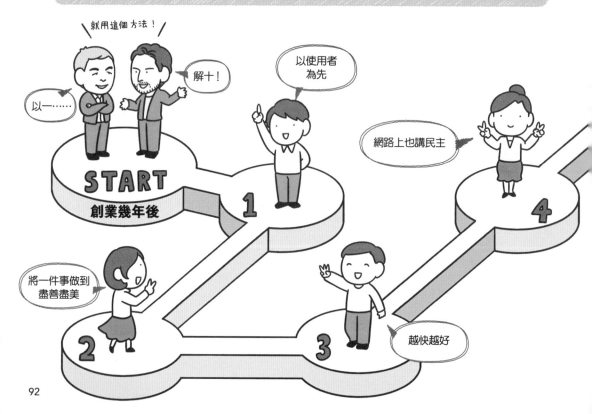

⑤資訊需求無所不在。

⑥賺錢不必為惡。

⑦資訊無涯。

⑧資訊需求無國界。

⑨認真不在穿著。

⑩精益求精。

Google將這十個項目付諸實踐，時時奉行。**「十大信條」已然成為Google員工的行動方針。**

¹譯註：「十大信條」之翻譯引用自Google官方網頁https://about.google/philosophy/。

經常回顧

Google 經常回頭審視這張清單，確保這十大信條「經得起時間的考驗」。

04
創造創新不間斷：GAFA的組織管理術

06 Amazon 的會議管理術 ——「兩個披薩原則」

「兩個披薩原則」是 Amazon 不斷壯大的祕密，意指工作團隊不可超過兩個披薩夠吃的人數。

Amazon執行長**傑夫・貝佐斯**規定「**公司內所有團隊不可超過兩個披薩夠吃的人數**」。這套「**兩個披薩原則**」令許多軟體開發公司紛紛效仿執行，但這些大企業的生產力並未因此提升，可見單單壓低人數是沒有意義的。

貝佐斯的「兩個披薩原則」

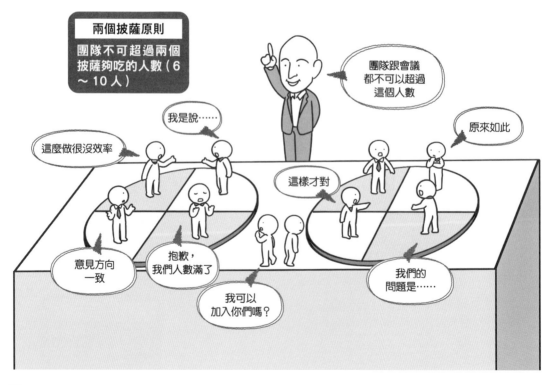

兩個披薩原則
團隊不可超過兩個披薩夠吃的人數（6～10人）

團隊跟會議都不可以超過這個人數

原來如此

我是說……

這麼做很沒效率

這樣才對

意見方向一致

抱歉，我們人數滿了

我可以加入你們嗎？

我們的問題是……

「兩個披薩原則」真正的意義在於「以小規模刺激員工自律行動，發揮領導能力」。很多大企業沒有控管會議和企畫的參與人數，導致相關人員太多，必須耗費大量時間在整體的溝通上。如果能夠縮小團隊規模，確保每個成員都是手中握有決定權、能夠彼此交流意見的可用之財，**團隊就能隨時掌握最新資訊，在最短的時間內達成共識**，提升行動的效率與速度。且小規模團隊通常較為團結，能夠互相關心狀況，進而提升生產力。

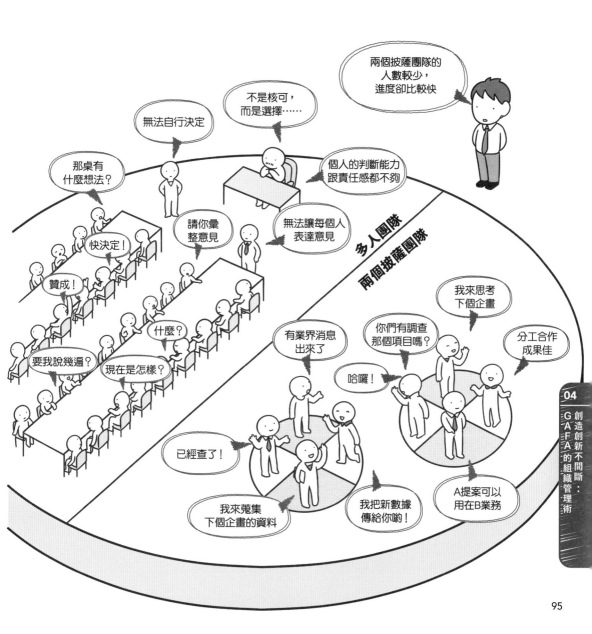

Google 眼中的優質主管
——「頂尖主管的八大特質」

Google 追求的頂尖主管是什麼樣子呢？為釐清這個問題，Google 推行了「氧氣計畫（Project Oxygen）」，經過一番調查後彙整出「頂尖主管的八大特質」。

　　Google在「**氧氣計畫**」中針對人才培育進行了調查，彙整出下列「頂尖主管的八大特質」——①當一個好教練、②下放權限，不做**微觀管理**（Micromanagement）、③關心下屬的成就與幸福、④心胸曠達，具生產力，成果導向、⑤擅於溝通，願意傾聽團隊的聲音、⑥願意幫助下屬發展職業生涯、⑦胸懷明確的團隊願景和戰略、⑧磨練技術能力，為團隊提供建議。

　　值得注意的是，**這八項特質是按重要順序排列**。也就是說，對Google這種巨型

「氧氣計畫」彙整出頂尖主管的八大特質

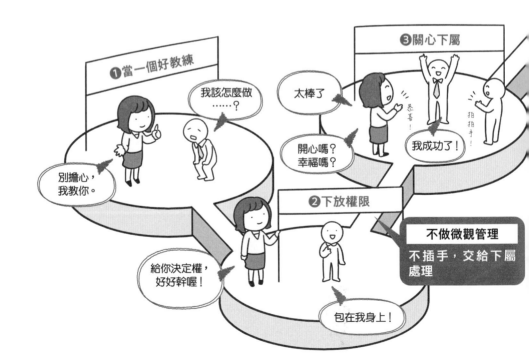

企業而言，**懂得營造良好的工作氛圍、培養積極向前的團隊精神，才是最重要的主管特質**，「技術能力」反而是墊底項目。Google之所以會推行「氧氣計畫」，是因為他們發現員工的主要離職原因有三──「找不到公司使命與工作之間的關聯，感受不到這份工作的重要性」、「不喜歡人際關係，職場上沒有值得尊敬的人」、「爛主管」。這八大特質告訴我們，Google眼中的頂尖主管必須是個「好教練」，願意「釋放權限給下屬」，並且「關心下屬的成就與幸福」。

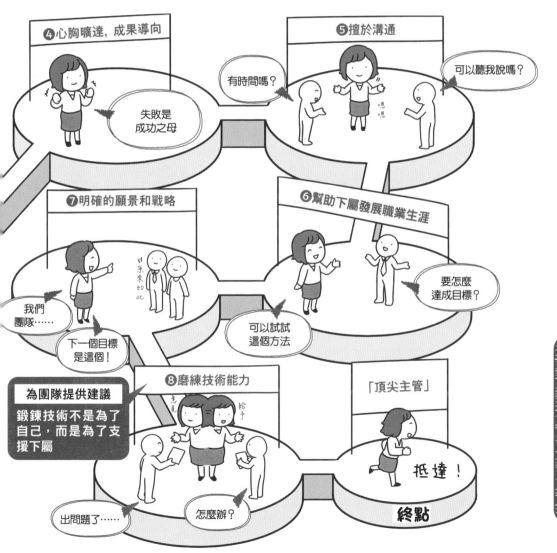

Google 的天才複製術 ——「OKR 管理法」

Google 富有企圖心，從不畏懼描繪遠大的願景，他們運用「OKR 管理法」來複製經營天才、追求目標。

Google一路走來能夠不斷創新，其內部的「OKR管理法」功不可沒。「**OKR**」是「目標與關鍵成果（Objectives and Key Results）」的英文簡稱，這套目標管理法是由時任Google董事的**約翰 • 杜爾**所引進。根據杜爾的說法，OKR是一套「讓內部所有組織致力追求同一重大目標」的經營管理方式，可幫助Google追求充滿企圖心的遠大願景與目標。如今Google設有公司的共同OKR，每個小組也有各自的OKR。

OKR 管理法：學習天才創業家的思維模式

如果員工早就知道目標必能達成，就會因為缺乏挑戰性而安於現狀。因此，在訂定目標時，應以「難度較高的目標」取代「可實現的目標」。成果指標方面，Google以0～1.0評鑑達成率（1.0為「完全達成目標」）。達成率以0.6～0.7較為理想，輕鬆達到1.0並非好事，那代表你的目標缺乏企圖心。此外，OKR必須完全公開，讓所有人都能確認進行狀況，即便分數不高，也可以當作改良的借鏡，供大家參考。**OKR並非單純的經營管理手法，其本質上的目的為「複製出如賈伯斯、貝佐斯這種天才型創業經營者」**。

OKR 的設定與評鑑

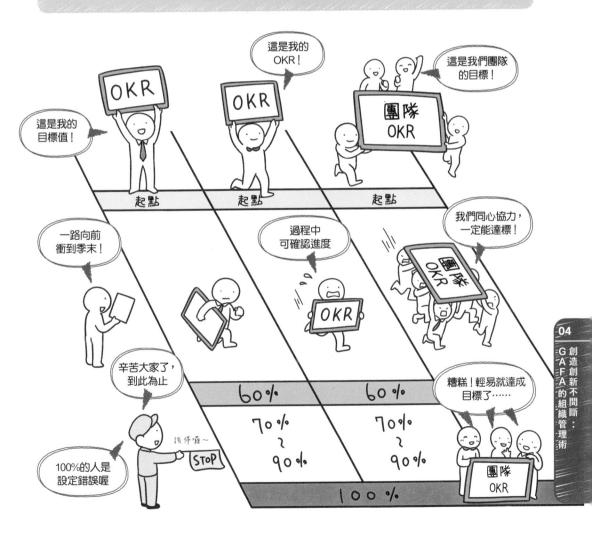

09 Google 的高 EQ 培養術 ——「正念課程」

相信很多人都知道，Google 的員工進修中有一套正念課程。他們是如何設計 EQ（情緒商數）課程，幫助員工認清自我呢？

Google每十名員工就有一名在做「**正念（Mindfulness）**」練習。「正念」練習不只是打禪冥想而已，許多醫療機構也藉此協助病患舒壓。**Google在員工進修課程中，推出了名為「搜尋內在自我（Search Inside Yourself，簡稱SIY）」的正念EQ課**。這套課程是由前Google員工**陳一鳴**設計而成，他曾在書中介紹這套課程的3個步驟——

Google 為員工開設的正念課程

①鍛鍊專注力：專注力是認知能力和情緒能力的基礎。任何鍛鍊EQ的課程都必須從培養專注力做起，有了專注力後，才能穩定情緒，看清內心。

②認清自我，學會自制：運用第一步所培養出的專注力，試著釐清自己的認知與情緒變化過程，透徹地觀察自己的思考過程和情緒變化，深層認清自我，最終達到足以自制的境界。

③養成良好的內心習慣：見到人就在心中祝福對方能夠獲得幸福。養成這種善意的習慣，有助於建立具建設性的合作關係。

「搜尋內在自我」的３個步驟

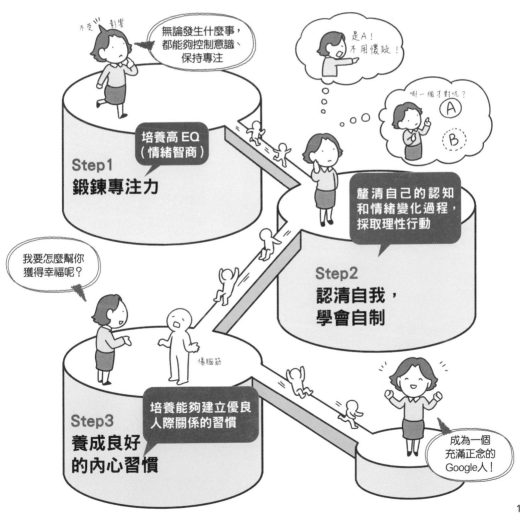

10 Amazon 持續壯大的支柱 ——「十四條領導準則」

GAFA　Amazon 期許每位員工都能以「領袖」的心態做事，因而訂出「十四條領導準則」。

Amazon內部有一套「**十四條領導準則**（Our Leadership Principles）」，教導世界各地的Amazon員工如何發揮領導能力。這套準則非常重視「**自我領導**」，Amazon認為，不只團隊主管，**每一位員工都應依循「十四條領導準則」行動，當一個足以驅動自我前進的領袖**。以下是我們特別挑出來介紹的三條準則——

Amazon 員工應具備的領導能力

領導能力應從員工時期開始培養

執行長貝佐斯

① Customer Obsession（顧客至上）
顧客至上主義

② Ownership（當仁不讓）
當仁不讓

③ Invent and Simplify（創新與簡化）
創新、發明、簡化

④ Are Right, A Lot（判斷正確）
正確判斷！

⑤ Learn and Be Curious（求知若渴）
上進心

⑥ Hire and Develop The Best（選賢育才）
教練式領導

①Customer Obsession（顧客至上）：領袖思考行動應以顧客為先，獲取顧客的信任，並竭盡全力維持這份關係。這一點反映出Amazon所奉行的使命與願景——「顧客至上主義」，也是十四條中最重要的項目。

②Ownership（當仁不讓）：領袖應將公司整體納入考量，不可獨善自家團隊。原文中提到：「領袖絕對不可說出『這又不是我的工作』這種話。」面對每件工作都必須將自己當作「事主」。

③Invent and Simplify（創新與簡化）：領袖必須要求團隊「創新」與「發明」，並尋求工作簡化的方法，**設法讓「創新」這個核心價值落地生根**。

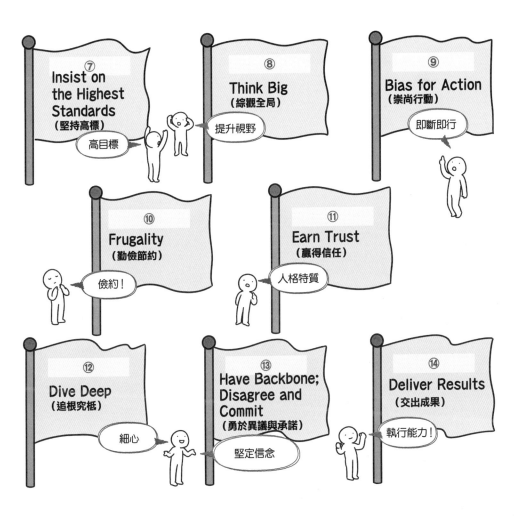

十四條領導準則

創建新價值的神人

史蒂夫・賈伯斯
Apple

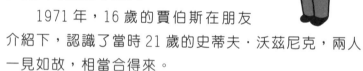

　　1955 年 2 月 24 日，史蒂夫・賈伯斯於美國舊金山出生。他的父親是敘利亞人，母親是美國人。出生後沒多久，賈伯斯就被送養到另一個家庭，在養父母的膝下長大。

　　1971 年，16 歲的賈伯斯在朋友介紹下，認識了當時 21 歲的史蒂夫・沃茲尼克，兩人一見如故，相當合得來。

　　1976 年，賈伯斯決定成立一間公司來銷售沃茲尼克組裝的「Apple 1 號」電腦。他於同年 4 月分創辦「Apple 電腦公司」，並在 1977 年推出「Apple 2 號」。這部電腦在市場上旗開得勝，讓大眾有了「個人電腦」的概念。Apple 的營收一飛沖天，股票於 1980 年 12 月上市，賈伯斯也因此增加了 2 億 5600 萬美元的個人資產，成為萬眾矚目的神級創業家。

之後賈伯斯開始主持麥金塔電腦的開發工作。1984 年麥金塔開賣，幾個月後陷入滯銷困境，這使得賈伯斯在公司內部的地位岌岌可危。1985 年 5 月，賈伯斯遭公司解除所有業務，並在 9 月份離開 Apple。

　　離開 Apple 後，賈伯斯創辦了 NeXT 電腦公司，開發「NEXTSTEP」作業系統。1996 年，賈伯斯將 NeXT 公司賣給當時業績盪到谷底的 Apple，並恢復原職，於 1997 年起擔任 Apple 的臨時執行長，不但宣布與競爭對手微軟公司攜手合作，還縮減公司規模，拯救了 Apple 原本慘兮兮的營收。

　　2000年，賈伯斯正式坐上執行長大位，將公司業務擴張至數位家電和媒體事業，一連推出了 iPod、iPhone、iPad等產品，最後於2011年10月5日癌逝。

05

GAFA
everyone's notes

四大平台也有死角：
GAFA的要害大盤點

面對比國家還強大的 GAFA，各國無不嚴陣以待，加強對市場壟斷、數位稅徵收、個資問題的各種規範。全球逐漸拉緊對 GAFA 的防護網，先是歐洲、日本，就連之前還在觀望的美國也正式加入制衡的行列。

01 各國政府的嚴密監視

GAFA 對數位市場的壟斷，阻礙了技術創新，限縮了消費者的選擇。種種結果，導致科技巨頭 GAFA 在世界各國發展受到阻力。

　　對各產業具有破壞式影響力的GAFA，目前正飽受強勁逆風的侵襲，各國紛紛對壟斷數據妨礙公平競爭、個資洩漏、安全防護等問題祭出對策。美國眾議院的**司法委員會**基於《反壟斷法》對大型資訊科技企業進行了調查，為**釐清「新冠疫情爆發後，隨著社會數位化不斷推進，GAFA的壟斷是否已對市場競爭造成阻礙」**這個問題，司法委員會要求GAFA四間公司的首腦人物出席2020年7月的**聽證會**。

　　聽證會上，Google執行長皮查伊、Apple執行長庫克、Facebook執行長祖克柏、

於美國眾議院舉行的GAFA聽證會

美國眾議院

《反壟斷法》
禁止企業妨礙新業者投入市場的法律。聽證會就是在討論 GAFA 有無違反此法。

聽聽企業怎麼說

無罪　有罪

不能進去？

GAFA違反《反壟斷法》！

我要投入這門生意！

業界

我們看得到吃不到！

被趕走了……

Amazon執行長貝佐斯皆發表證詞。四家公司皆強調自己並未壟斷市場，「全球競爭依然相當激烈」。美國司法部根據該聽證會的結果，於同年10月向美國聯邦地區法院提起訴訟，控告Google「在網路搜尋和廣告市場進行排他行為，妨礙市場競爭，違法維持壟斷優勢」。各界也批判現今的課稅制度不夠完善，政府對GAFA這些巨型企業徵收的稅額低得出奇。在輿論的推波助瀾下，**英國於2020年開始徵收「數位稅」，這把從歐洲燃起的徵稅之火，想必會延燒到全世界**。

02 歐盟設下的天羅地網

歐盟於 2018 年推行《一般資料保護規範》（General Data Protection Regulation，簡稱 GDPR），藉此與 GAFA 抗衡。繼歐洲之後，美國也準備加入控管行列，阻止企業濫用數據。

　　歐盟為強化個人資料的保護機制，於2018年5月全面施行《**一般資料保護規範**》。該規則保障了消費者的個資使用權限和設限權利，以及**資料可攜權**（Data Portability，自由轉移搬動個資的權利），凡涉及個資的蒐集、處理和運用，都必須通知當事人。**「選擇加入（Opt-in）制度」是《一般資料保護規範》的一大特徵，在未事先徵求當事人同意的情況下，企業就不可使用該筆個資**。此外，個人也有權利要求企業消除自己的個資。

歐盟的《一般資料保護規範》

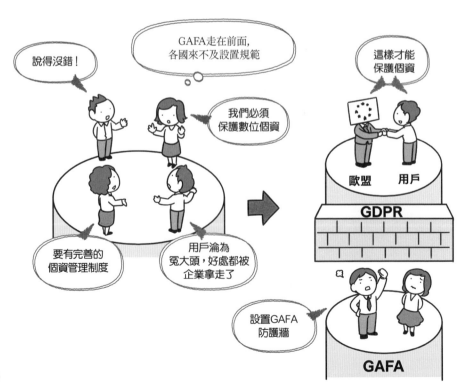

業者若違反這套規則，將被判罰「1000萬歐元或前一年度全球營收的2%，取其高者」，又或是「2000萬歐元或前一年度全球營收的4%，取其高者」。歐盟為什麼會推行《一般資料保護規範》呢？其實跟GAFA的崛起有關。因GAFA是美國企業，歐盟為防範GAFA對全球用戶的個資為所欲為，便推出了這套規定。有別於歐盟，美國為維持國內科技企業的競爭力，不敢輕易訂定規制。但就目前的情勢來看，美國已無法迴避這個問題，必須制定一定程度的資料保護規範。再加上「資料所屬」的倫理問題，**今後對於個資運用的規定只會愈來愈嚴格**。

《一般資料保護規範》內容

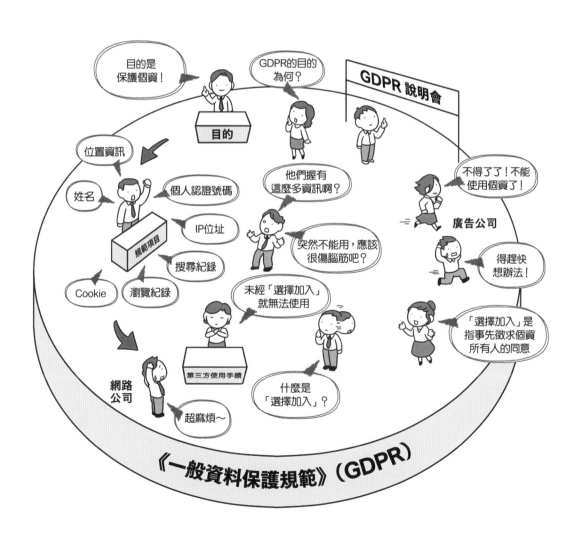

03 Cookie 規範 對數位廣告的限制

「Cookie」是保存於網站與端末之間的資訊。歐盟的《一般資料保護規範》將 Cookie 視為個資後，數位廣告出現莫大的變化。

Cookie可幫助用戶與網站共享資訊，省去登入時一一輸入資料的麻煩，GAFA 也運用Cookie大幅提升了廣告收益。這樣的機制固然方便，卻有洩漏個資的疑慮。 Cookie的規範今後會怎麼發展呢？以下為大家列出五個走向。

①**歐盟《一般資料保護規範》與美國《加州消費者隱私保護法》（California Consumer Privacy Act，簡稱CCPA）將Cookie定為法定個資**。若企業將這些資 料提供給第三方，又或是在處理運用時違反法令，很可能遭到重罰。

Cookie 也是個資的一部分

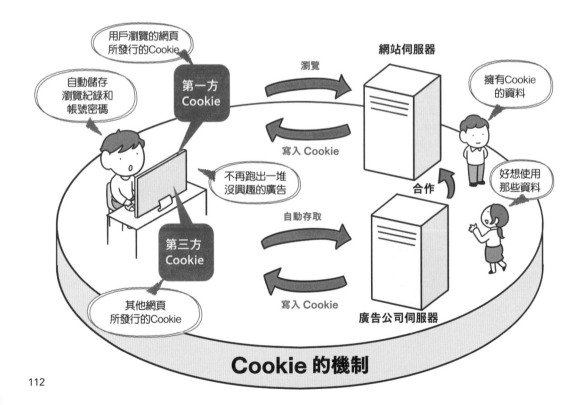

用戶瀏覽的網頁所發行的Cookie

自動儲存瀏覽紀錄和帳號密碼

第一方 Cookie

瀏覽

寫入 Cookie

網站伺服器

擁有Cookie的資料

不再跑出一堆沒興趣的廣告

合作

好想使用那些資料

第三方 Cookie

自動存取

寫入 Cookie

其他網頁所發行的Cookie

廣告公司伺服器

Cookie 的機制

②法令限縮第三方Cookie之運用，降低鎖定目標的精準度。

③加強用戶瀏覽器保護機制，防止Cookie跟蹤，**將第三方Cookie從數位廣告生態中排除**。

④更重視第一方Cookie和零方資料（Zero-party Data），前者為用戶實際造訪的網域所發行的Cookie，後者為經過用戶同意後蒐集到的資料。

⑤數位廣告將採用不同於以往的手法。

目前在法律解釋和適用範圍仍有許多不確定因素。不過，今後的隱私保護和數位市場，基本上不會脫離上述五個路線。

《加州消費者隱私保護法》對數位廣告造成的影響

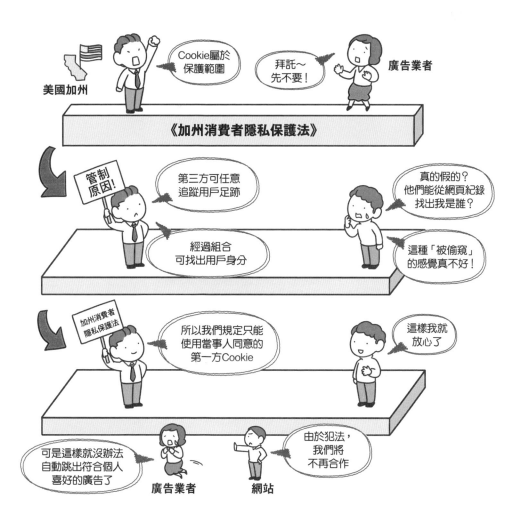

Facebook 的個資洩漏問題

美國將 Facebook 視作媒體，而非單純的社群網站。專家指出，Facebook 的影響力足以左右總統大選，應特別注意這個問題。

　　Facebook在美國不僅是社群網站，更是深具影響力的媒體。2016年美國總統大選期間，也就是川普當選的那一屆，Facebook上出現許多疑為俄國涉入的**假新聞**和非商業性廣告，對選舉造成嚴重影響，因而引來巨大的批評聲浪。**既然有人能利用社群網站行銷，左右消費者的選擇，當然也能利用「臉友」的評論帶風向，影響選民的決定**。

Facebook 的 5 大疑慮

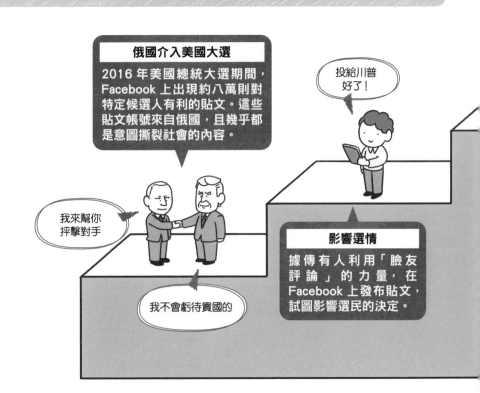

　　一名英國劍橋大學的研究者在Facebook上透過心理測驗取得了大量個資，2018年3月，一間選戰顧問公司非法取得了這筆資料，遭質疑欲利用這些資料操縱選情，因而引發了軒然大波。Facebook執行長祖克柏甚至為了這件事出席聽證會，接受長達五個小時的國會質詢。同年9月，3000萬筆Facebook用戶個資遭外洩，12月又爆出外部應用程式開發公司可能取得用戶手機照片的消息。Facebook公司利用龐大的個資群拓展行銷，廣告生意讓他們賺入了大筆鈔票，卻也**引發大眾對平台壟斷個資的高度疑慮**。

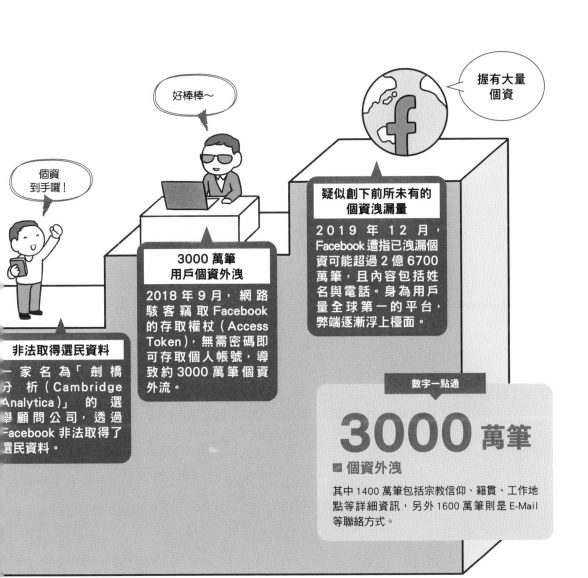

好棒棒～

握有大量個資

個資到手囉！

疑似創下前所未有的個資洩漏量

2019年12月，Facebook遭指已洩漏個資可能超過2億6700萬筆，且內容包括姓名與電話。身為用戶量全球第一的平台，弊端逐漸浮上檯面。

3000萬筆用戶個資外洩

2018年9月，網路駭客竊取Facebook的存取權杖（Access Token），無需密碼即可存取個人帳號，導致約3000萬筆個資外流。

非法取得選民資料

一家名為「劍橋分析（Cambridge Analytica）」的選舉顧問公司，透過Facebook非法取得了選民資料。

數字一點通

3000萬筆

☑ 個資外洩

其中1400萬筆包括宗教信仰、籍貫、工作地點等詳細資訊，另外1600萬筆則是E-Mail等聯絡方式。

亡羊補牢！
GAFA 的隱私保護政策

美國是非常注重隱私的國家，Facebook 和 Apple 在美國鬧出個資洩漏事件後，只能設法拯救頹勢，強化個資保護措施。

2018年4月，Facebook因洩漏8700萬名用戶的個資，遭到英美兩國的相關當局開罰，這次事件促使Facebook強化隱私和個資保護措施。2020年8月，Facebook在官方新聞室中上傳了一篇名為〈Facebook向聯邦貿易委員會提交**資料可攜權**的官方評論〉的報導，當中寫到「應讓用戶依自己的意願，將個資提供給App和服務功能使用」，表示他們對資料可攜權的支持。

數位時代的新權利

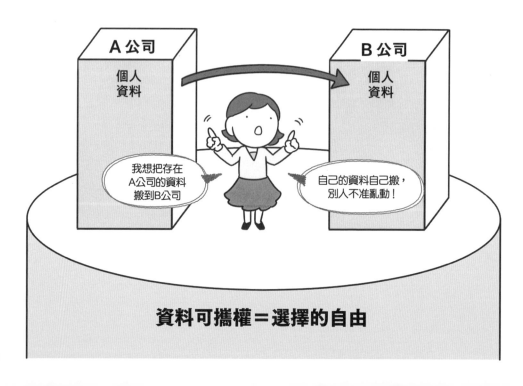

　　「**資料可攜權**」**是用戶可在各平台、商家間轉移個資的權利**。舉例來說，用戶可將儲存在Apple iCloud中的個資，搬運到他在Google雲端上的帳號。歐盟的《一般資料保護規範》和《加州消費者隱私保護法》對「資料可攜權」皆有明文規定，美國**聯邦貿易委員會**（Federal Trade Commission，簡稱FTC）則在研議是否制定相關聯邦法律。Apple的隱私長（CPO）珍‧霍瓦絲表示，隱私保護方針就像「讓消費者掌握方向盤」，**讓用戶自行管理個資，選擇如何運用處理個資**。

GAFA 的隱私保護政策

爾虞我詐的
美中爭霸戰

美中貿易衝突並非單純的貿易戰爭，而是國與國之間的全面對決。PEST 分析可幫助我們從政治、經濟、社會、技術等角度，發現令人意想不到的另一面。

在全球化經濟之下，供應鏈所畫出的領域比國界更為關鍵，「**PEST分析**」也顯得格外重要。「PSET分析」是指**同時對政治（Politics）、經濟（Economy）、社會（Society）、科技（Technology）這四個領域進行分析**。用此法分析當今美中爭霸戰，可整理出四個相爭重點——「軍事和國家安全等國力之爭（政治）」、「美國式資本主義和中國式資本主義之爭（經濟）」、「『自由╳統制』執行方式的價值觀之爭（社會）」、「科技霸權之爭（科技）」。

全球化經濟的 PEST 分析

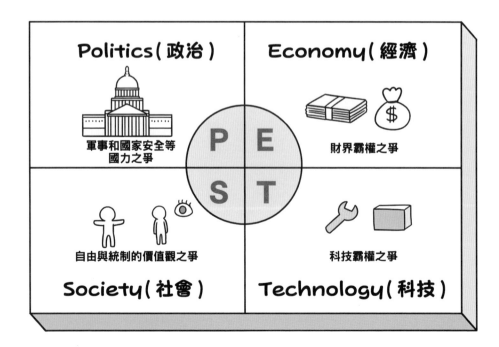

經濟方面，想要稱霸市場，中國式的**國家統制型資本主義**是效率較高的做法。阿里巴巴和騰訊等中國科技巨頭，就是在中國政府的強力協助下才順利起飛。科技方面，以前中國多為拾人牙慧，**現在則在許多領域都遙遙領先**。想要在人工智慧的科技開發戰中獲勝，關鍵在於誰能蒐集到更多的大數據進行解析，這也是中國這種統制型國家的強項。如今美中兩國之間，已從貿易之爭昇華為國力對決，兩國在國家安全和科技之間的角力，無疑將成為一場長期抗戰。

美中對立的 PEST 分析

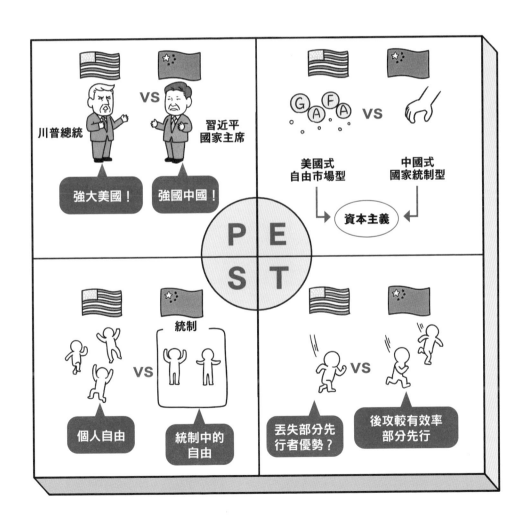

07 急起直追！GAFA 與 中國的人工智慧開發競賽

近年中國巨型企業急起直追，在全球數位市場中與 GAFA 平起平坐。雙方從自動駕駛到各個領域，正展開一場如火如荼的人工智慧開發競賽。

為稱霸數位市場，中國全力投入人工智慧的開發工作，迎頭趕上GAFA。中國政府推出名為《新一代人工智能發展規畫》的國家計畫，宣布要在2020年於人工智慧領域領先全球。中國政府規畫出四大領域，並將其中的「自動駕駛事業」委託給中國的大型資訊科技公司「**百度**」主導。百度在2017年推出自動駕駛平台「**阿波羅計畫**」，福斯、戴姆勒、福特、本田、豐田等汽車大廠也參與其中。

中國的人工智慧領先計畫

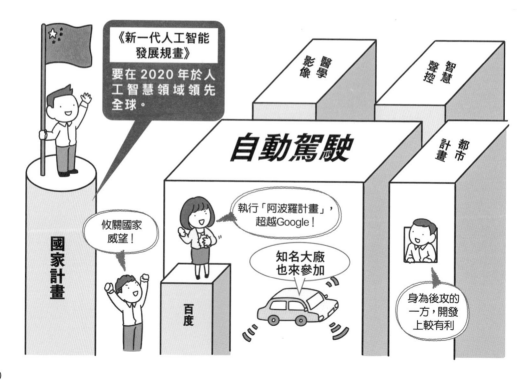

　　2014年，百度發布了後端運作的人工智慧「百度大腦」，並於2017年，也就是發表「阿波羅計畫」的那一年，推出類似Amazon Alexa的互動型智慧助理「DuerOS」。在「阿波羅計畫」的運作下，中國運用其豐富的人工智慧技術，已在中國國內超過二十處推出無人駕駛公車。**自動駕駛必須實際上路才能快速蒐集到大數據，雖然百度並非第一個推出自駕的科技公司，但在中國政府的強力支持下，百度的開發環境其實比Google等美國企業更加有利**。Google旗下公司「Waymo」雖然已推出商用無人計程車，但在社會實際應用方面卻遲遲未果。相較之下，百度則是以迅雷不及掩耳的速度，在社會上推動自動駕駛的應用技術。

自動駕駛的應用比較

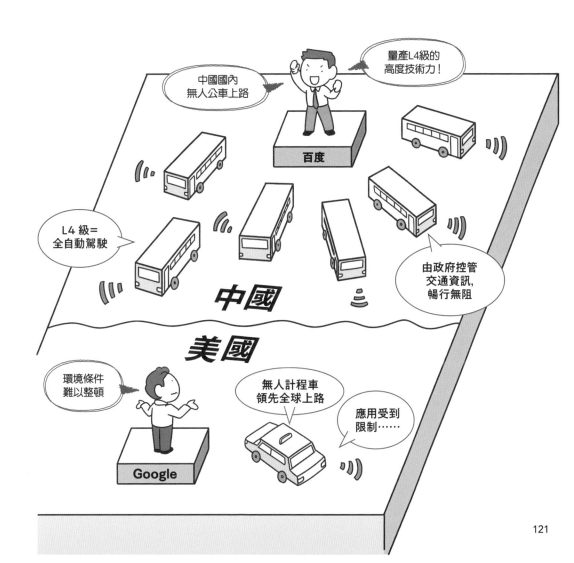

中國國內無人公車上路

量產L4級的高度技術力！

百度

L4 級＝全自動駕駛

中國

由政府控管交通資訊，暢行無阻

美國

環境條件難以整頓

無人計程車領先全球上路

應用受到限制……

Google

121

超人氣遊戲下戰帖！Apple 的服務費爭議

Apple 的 App 銷售平台因向開發方抽取 30% 服務費，被遊戲開發公司控訴抽成制度大有問題，因而引發軒然大波。

iPhone用戶購買App時，須透過Apple所經營的「App Store」下載程式。**Apple會向App的開發方抽取銷售額30％的費用，作為他們提供銷售平台的報酬**。Apple將這套**收入分配**機制稱為「**iOS應用程式經濟**」，然而，這樣的機制卻惹來超人氣線上遊戲《要塞英雄》的開發公司Epic Games的不滿。

Apple 商業生態系統的機制

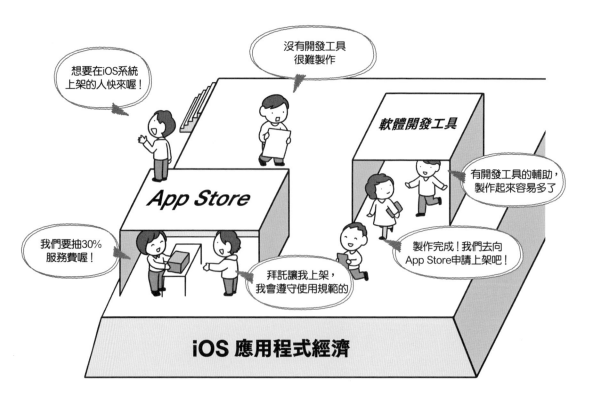

為了反抗30%的抽成制度，《要塞英雄》調整了遊戲點數價格，讓玩家在遊戲內購買比在「App Store」便宜20%。這導致**Apple以違反使用規範為由，強制將《要塞英雄》從「App Store」下架**，並停止他們使用Apple軟體開發工具的權限。Epic Games為此一狀告上法院，雖然加州聯邦法院已發出臨時限制令，要求Apple不得禁止Epic Games使用開發工具，但Epic Games仍被Apple封殺中。

Apple和《要塞英雄》的互槓過程

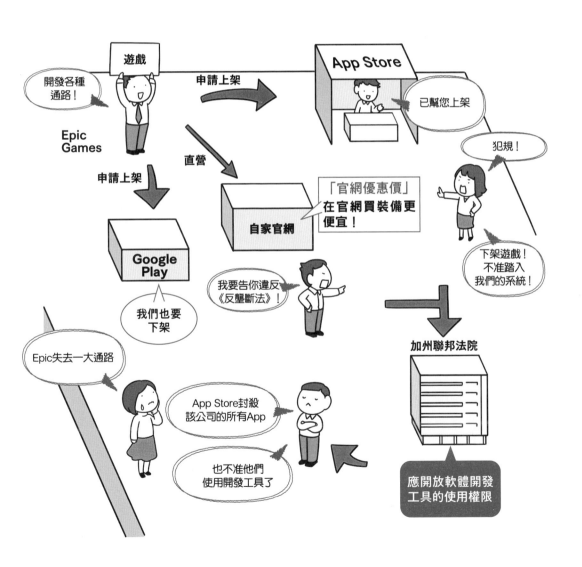

123

09 未來新趨勢！動搖數據權力結構的關鍵技術

今後數據系統將從巨型科技企業獨占數據的「中央集權型」，轉型為人人各持己力的「分散平面型」。而「區塊鏈」就是實現這個過程的關鍵技術。

多虧有GAFA等科技企業處理分析大量數據，我們這些用戶才能享有各種免費服務。然而，資料外洩等問題也隨著時間紛紛浮出檯面。以往數據集中在GAFA這類科技巨擘手中，屬於「中央集權型」，**今後預計將逐步轉換為人人各持己力的「分散平面型」，沖淡科技巨擘的存在感**。要實現上述轉型，關鍵在於「**區塊鏈**」技術。區塊鏈又名「**分散式帳本**（Distributed Ledger）」，起初是虛擬貨幣「**比特幣**」的軸心技術。

> **數據資料權力結構的轉型：從「中央集權」到「分散平面」**

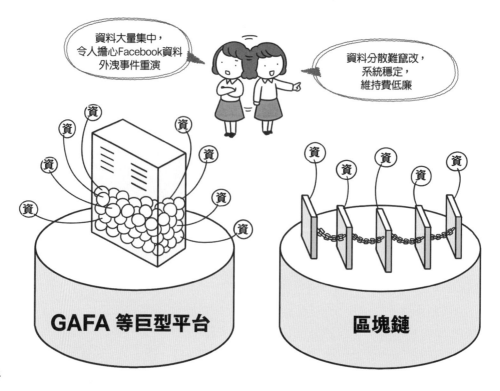

所謂的區塊鏈，是指在複數電腦所組成的分散型網路中，將一定期間的資料彙整成一個區塊，交由各家電腦互相認證、形成最新的區塊，再與過去的區塊連結。因這套系統會產生連鎖的區塊，所以才名為「區塊鏈」。**區塊鏈的特徵在於難以竄改、系統穩定，維持費也便宜**。目前這套技術除了在金融業大放異彩，也應用在許多其他領域。區塊鏈的普及將分散科技巨擘手中的權力，讓權力結構從「中央集權型」轉變為「分散平面型」。

「區塊鏈」的機制分析

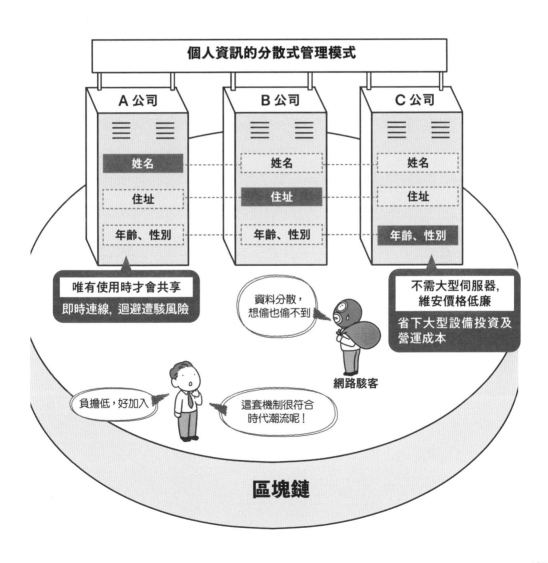

10 # GAFA 也無法忽視的「永續性潮流」

「永續性」是一種讓社會和地球環境「可持續」的概念，這個概念讓大企業不得不從原本的「股東至上」轉為「利害關係人資本主義（Stakeholder Capitalism）」。

「**永續性**」這個概念近來再度成為社會焦點。**永續性又稱為「可持續性」，意指從環境、社會、經濟的角度，設法讓社會和地球環境持續不滅**。環境問題與你我切身相關，隨著人類對自然與資源的破壞，世界各地接連發生氣象異常、氣候變遷等現象，在在引起全球對「永續性」的高度重視。

企業重視的對象變化：從股東到利害關係人

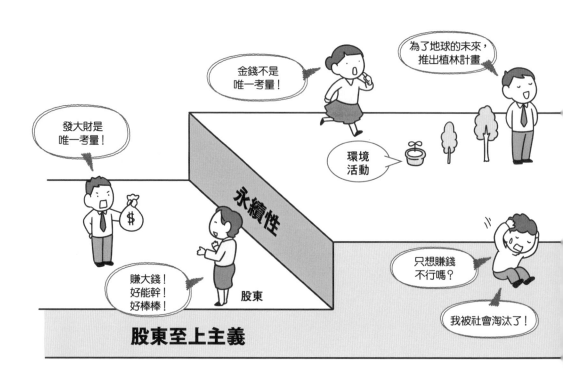

　　這股潮流同樣也沖進了商界。以往美國的股份有限公司凡事皆以股東為優先，將公司視為股東的所有物，這不但加劇了社會貧富差距，還引發了環境破壞等問題，進而引來外界對美國公司的強烈批評。這股「永續性潮流」勢不可擋，2019年8月，貝佐斯和庫克也有參加的美國商界組織——「商業圓桌會議（Business Roundtable）」對外發表一份聲明，宣布將一改過去「股東至上」的態度，改從**利害關係人資本主義**，更為尊重員工和地區社會。而在這股潮流下，GAFA等科技企業也開始改變態度。事實上，美國科技業界一直留不住優秀的工程師，因為他們不夠重視提升社會價值、改善工作環境等問題，所以雇不太到人才，就算雇到了也很快就離職。**企業要在這股洪流中生存，就必須轉變為利害關係人資本主義**。今後「永續性」將成為頂尖企業在經營上不可忽視的考量之一。

轉為利害關係人主義

以利害關係人（跟事業永續有關的人士）為第一優先，以永續為考量而制定戰略。

掰掰，自私自利的公司

應更重視地區社會和員工

美國商界組織

之後的戰略需要這個

過去企業只顧發展技術

需納入新時代思維……

唯一支持認真追求永續發展目標（SDGs）的公司！

碳補償（Carbon Offset）

企業投資二氧化碳減排事業，藉此抵銷自己在生產時所排放的二氧化碳。

我還以為有碳補償方案就夠了

一般消費者

11

勝負已分！
美中兩國的智慧城市計畫

Google 於 2020 年退出加拿大多倫多的「未來城市計畫」。另一方面，中國則運用人工智慧投入「ET 城市大腦（ET City Brain）」計畫。

　　字母控股旗下的**人行道實驗室**於2017年發布消息，將投資5000萬美元重新開發加拿大多倫多的濱水區，將原本的4萬9000平方公尺的工業用地建設成「未來城市」。然而，該實驗室已在2020年5月宣布放棄這項計畫。當初，字母控股就表示希望能夠在計畫中蒐集大量數據資料，人行道實驗室也強調「必須蒐集數據資料，才能建立舒適的城市空間」，然而，數據蒐集卻成了過程中的最大問題。

美中兩國的智慧城市構想

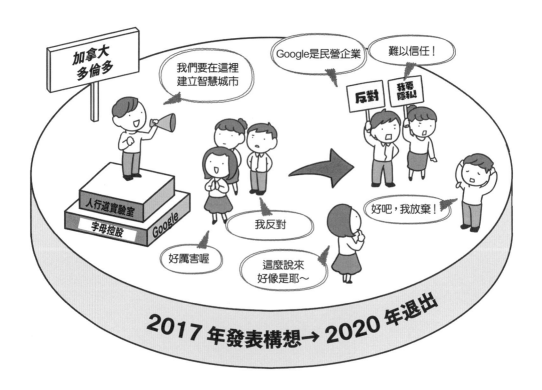

該城市計畫推出了許多令人耳目一新的先進應用，**但當地的居民和相關機關卻對資料安全心存疑慮，紛紛質疑民營企業是否能妥善保管如此龐大的資料，導致推動過程困難重重**。另一方面，**中國的阿里巴巴公司則在2016年於杭州市推出「ET城市大腦」人工智慧平台，藉此解決城市問題**。比方說，為紓緩杭州長期以來的塞車問題，杭州政府將監視器拍攝到的路況畫面、計程車司機App裡的開車紀錄、乘客的晶片卡使用紀錄等龐大數據資料，集中上傳到ET城市大腦平台上，進行即時資訊分析，過濾出導致塞車的最大原因。若發現是交通事故所造成，就會派出警察用最快的速度趕到事故現場。

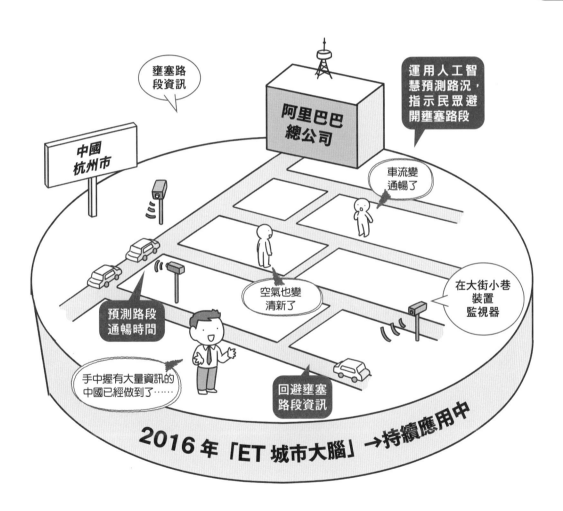

讓營收急速上升的商業全才

提姆·庫克
Apple

　　1960年11月1日，提姆·庫克生於美國阿拉巴馬州的莫比爾市。他的父親是造船廠工人，母親則在藥局工作。高中畢業後，庫克進入奧本大學專攻工業工程學，取得工學士學位，之後又在杜克大學拿到企業管理碩士學位。

　　大學畢業後，庫克先是進入IBM工作，負責個人電腦事業的北美業務。在IBM服務12年後，庫克轉至康柏電腦擔任副總裁，並於1998年加入Apple公司，之後接任馬爾科·蘭迪離職後的營運長（COO）空缺。

　　庫克進入Apple後，先擔任營運高級副總裁，並在全球銷售高級副總裁米其·曼迪奇退職後，於2000年10月兼任其職位。之後，庫克在2002年成為全球銷

售和營運執行副總裁，2004年掌控麥金塔電腦業務，2005年10月升為營運長，為賈伯斯打理經營實務，大幅提升了Apple的經營實績。

　　庫克曾分別在2009年和2011年賈伯斯請病假時代理其職務，並在2011年8月賈伯斯退休後，接棒成為Apple的執行長。

　　相對於賈伯斯這種擅於洞察的右腦型經營者，庫克屬於左右腦兼優的均衡型經營者。他善用這股均衡的力量，一肩扛起「賈伯斯的繼承人」這股龐大的壓力，緊緊握住Apple這間世界級大企業的船舵繼續航行。而這股鞭策企業進步的能力，也正是賈伯斯所缺乏的。

　　當上執行長後，庫克坦承自己同性戀者的身分，在美國成為多樣和自由的象徵人物。毫無疑問地，庫克也是一名天才經營者。

06

GAFA
everyone's notes

超級企業生死鬥：
誰是下一個GAFA？

誰是下一個
數位霸主？

如今各國紛紛強化規範，在這樣充滿挑戰的環境中，哪家企業會成為下一個 GAFA 呢？是急起直追的中國科技巨擘嗎？還是東山再起的微軟公司呢？日本企業有機會問鼎嗎？接下來要帶大家看看有機會成為「下一個 GAFA」的企業。

01 迎頭趕上！誰是下一任企業霸主？

本章選出了 14 家全球最具代表性的巨型科技公司，並將這些公司分成四大類。
究竟哪一間公司足以威脅 GAFA 的地位，搶得「下一個 GAFA」的寶座呢？

　　目前全球的科技巨擘為數眾多，誰能成為「**下一個GAFA**」呢？本章選出了14
間全球備受矚目的企業，並分為「GAFA」、「**BATH**」、「美國企業」、「日本
企業」四個類別進行討論。「BATH」是指四間中國巨科技 —— 百度、阿里巴巴、
騰訊、華為；「美國企業」包括Netflix、微軟公司、特斯拉；「日本企業」則是軟
體銀行、索尼和豐田。**這些科技巨擘的事業範圍愈來愈相近**，以往還能用「電商

新世代最值得注目的14家企業

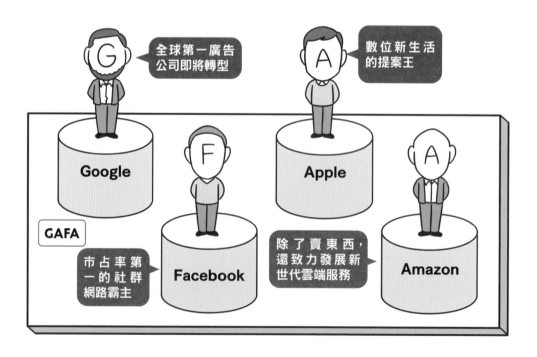

平台：Amazon vs 阿里巴巴」、「搜尋引擎：Google vs 百度」這種較單純的方式來分類，現在情況則變得更複雜。比方說，**Amazon因為雲端服務和智慧音箱而對上Google；發展自動駕駛的除了有Google、百度，華為和索尼也加入了混戰，競爭相當激烈**。這些企業一同站在名為「社會數位化」的擂台上，可想而知，之後戰況只會愈發白熱化。經過一番廝殺後，最後勝出的企業將贏得「下一個GAFA」的地位。

02 可與 Amazon 匹敵的全球電商霸主──阿里巴巴

中國最大電商平台阿里巴巴，憑靠物流事業、實體店鋪、雲端、金融事業等多方位發展，成功升格為「中國社會基礎設施企業」。

　　一般民眾只知道阿里巴巴是中國的一家巨型電商、**支付寶**的所屬公司，但其實，**現在的阿里巴巴更適合「中國社會基礎設施新企業」這個頭銜**。阿里巴巴多方開創事業，除了電商這個事業中柱，還發展出許多事業，如B to B交易的「阿里巴巴網絡（Alibaba.com）」、C to C（Consumer To Consumer，私對私）的交易平台「**淘寶網（Taobao）**」、中國國內B to C的交易平台「**天貓（Tmall）**」，以及國際版的「**天貓國際（Tmall Global）**」。

從電商公司到社會基礎設施企業

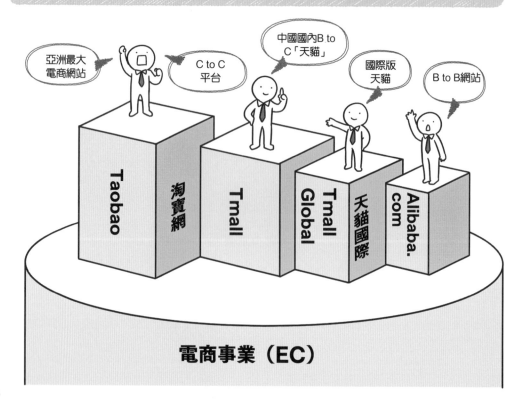

亞洲最大電商網站

C to C 平台

中國國內B to C「天貓」

國際版天貓

B to B網站

Taobao 淘寶網

Tmall

Tmall Global 天貓國際

Alibaba. com

電商事業（EC）

其他還有物流、實體店鋪、雲端、金融事業等。要比喻的話，「淘寶」就像是日本的Mercari或雅虎拍賣，「天貓」則類似樂天網站。阿里巴巴是中國網路最大的電商平台，2019年度淘寶和天貓的交易總額高達6兆5890億人民幣。此外，**阿里巴巴還受中國政府委託，成為中國國家政策「城市智慧化」的承辦商**。他們將交通、水道、能源一一轉為數值，收集大數據，運用人工智慧發展自動駕駛、緩解堵車、派遣警力和緊急救護、推行都市計畫等，對症下藥，解決社會問題。

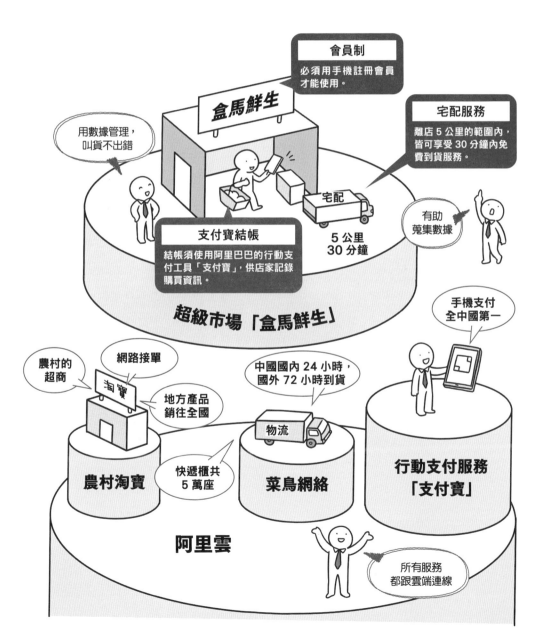

03 5G 時代的手機之霸
——華為

GAFA 華為一般給人「行動裝置廠商」的印象，但其實，他們可是擁有尖端科技的硬體製造商，與美國企業在 5G 市場展開多場激戰。

　　中國企業華為是世界第二手機大廠，也是Apple的一大對手。2018年12月，美國以涉嫌非法金融交易為由，要求加拿大當局逮捕了華為副董事長兼財務長（CFO）孟晚舟。消息一出，立刻引發「**華為危機**」，導致全球股市大跌。一般印象中，華為是一間製造智慧型手機的「行動裝置廠商」，但說得精準一點，**他們其實是「技術領先全球的硬體大廠」**。

技術領先全球，力爭 5G 霸主

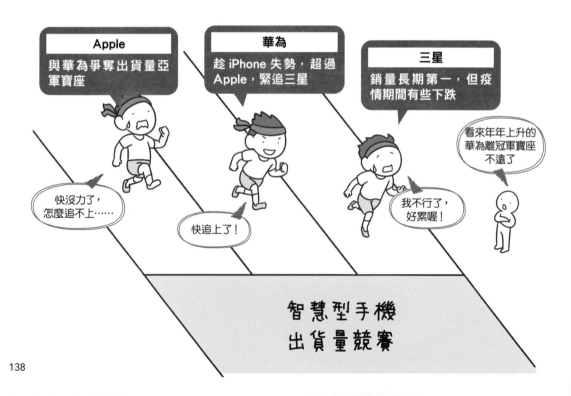

行動通訊設備是華為的強項，銷售量甚至超過瑞典的愛立信（Ericsson），勇奪全球冠軍。**華為強大的祕密，在於他們不斷從事研究開發投資，長期將超過10%的營收投入研究開發**。也因為這個原因，華為擁有多項國際專利，其2014年和2015年的國際專利申請數都是全球第一。說到華為，就不得不提到新一代行動通訊技術「5G」。美國之所以將華為視作眼中釘，是因為美國要阻止華為在美國和美國盟國發展通訊基地事業，以免他們建立起5G霸權。美國的盟國（包括日本）皆已封殺華為的產品，若要預測**5G霸權**的發展走向，華為絕對是不可忽視的重要角色。

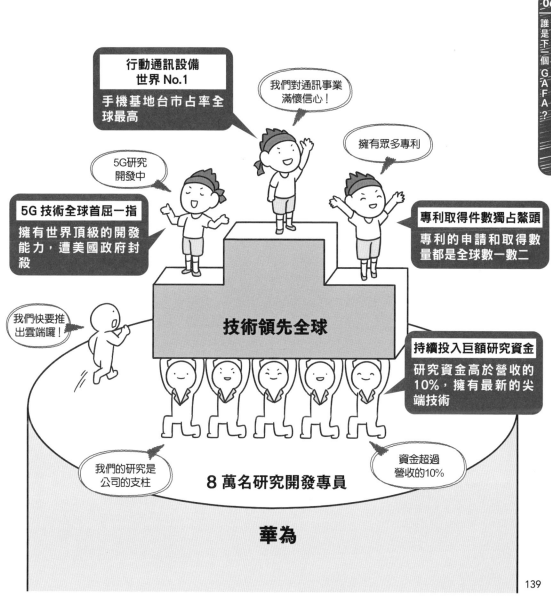

04 急速成長的綜合科技百貨 ──騰訊

GAFA 騰訊被稱作「中國版 Facebook」。但不同於 Facebook，騰訊的收入並非廣告獨大，還包括線上遊戲等多種事業。

　　騰訊是一間足以跟阿里巴巴在中國爭奪股市總市值冠軍的巨型企業。他們靠社群網路急速成長，因而有「中國版Facebook」之稱，但其實，他們跟Facebook有很多相異之處。Facebook是將基礎建立在社群網路上，主要靠廣告賺取收益；**騰訊則是從社群網站起家，推出數位遊戲，並多方發展事業，像是支付工具等金融服務、人工智慧自動駕駛、醫療服務、雲端服務，甚至開設「新零售商店」。**

青出於藍：比 Facebook 更多元的騰訊版圖

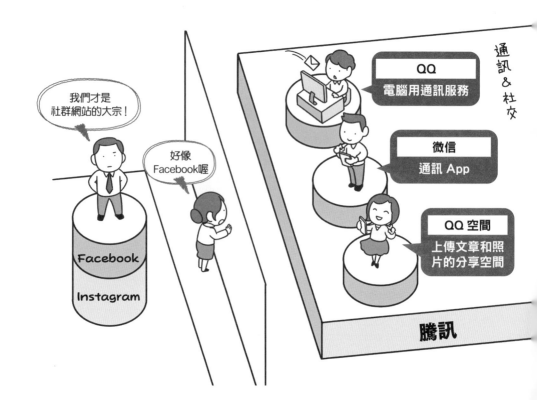

我們才是社群網站的大宗！

好像Facebook喔

Facebook
Instagram

通訊 & 社交

QQ
電腦用通訊服務

微信
通訊 App

QQ 空間
上傳文章和照片的分享空間

騰訊

要比喻的話，騰訊就像一家「綜合科技百貨」，「**QQ**」、「**微信**」（WeChat）、「**QQ空間**」（QZone）這三個服務是他們的事業核心。QQ是電腦用的通訊軟體，微信是為行動裝置設計的訊息App，QQ空間則是供用戶分享文章和照片的社群網路。2018年6月底，騰訊的月活躍用戶約為15億人，微信約為10億人，QQ空間約為11億人，且大多都是中國用戶。**在騰訊的眾多事業中，線上遊戲扮演了相當重要的角色，遊戲收費是他們的一大收入來源**。此外，緊追在「支付寶」之後的行動支付工具「微信支付」（WeChat Pay），近來也相當受到矚目。

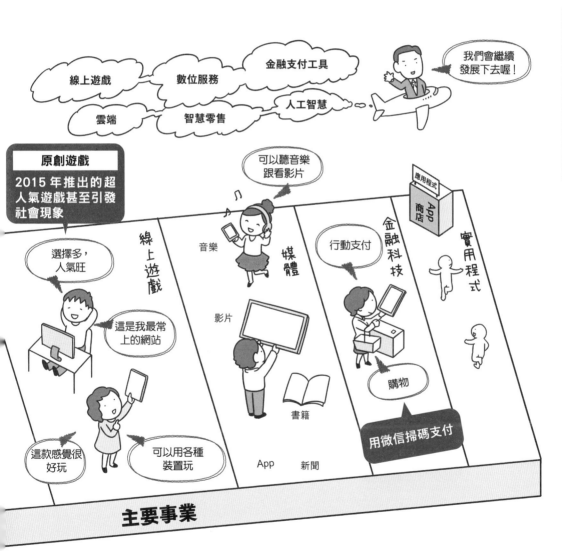

05 從中國最大搜尋引擎到 人工智慧企業──百度

百度在中國搜尋引擎的市占率居冠。他們還運用人工智慧「百度大腦」和雲端運算技術,推出自動駕駛平台「阿波羅計畫」。

　　百度素有「中國版Google」之稱,是中國網路搜尋市場的霸主。除了「百度搜索」、「百度地圖」、「百度翻譯」等服務,他們旗下還有影音串流平台「愛奇藝」。**自從Google 2010年退出中國市場後,中國的網路搜尋市場一直都是百度獨大,擁有70～80%的高市占率**。很多人說百度的服務都在模仿Google,事實上,他們就連發展方向都跟Google如出一轍。

百度於強敵Google退出後獨占中國市場

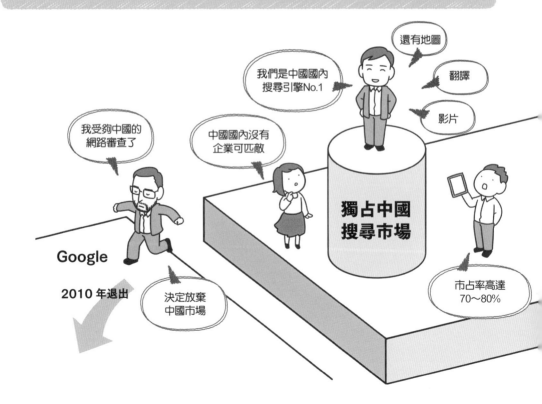

如今百度也跨足自動駕駛和人工智慧事業。2014年，百度為了提升搜尋的便利度，開發出類神經網路（Neural Network），發布人工智慧「**百度大腦**」。百度大腦能透過多層學習模型和大量機器學習來分析數據並進行預測，他們還進一步運用百度大腦和雲端運算，推出前端人工智慧技術──自動駕駛平台「**阿波羅計畫**」。繼無人公車後，百度用「**中國第一汽車**」的高級電動車搭配第四級自動駕駛，於2020年9月在北京、湖南省長沙、河北省滄州等地，啟動無人計程車載客服務「Apollo Go Robotaxi」。

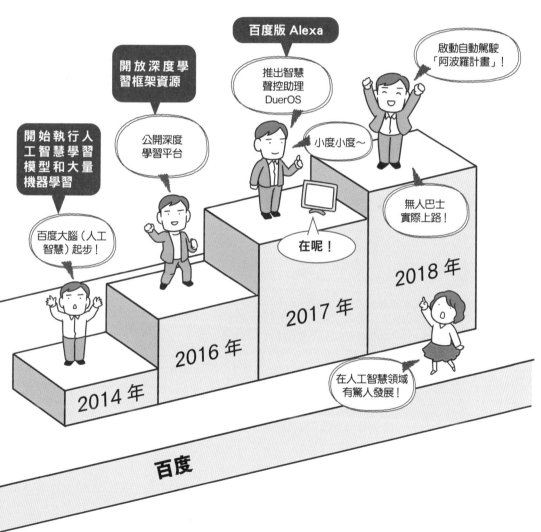

06 全球最大網路影片企業 ——Netflix

Netflix 是一家網路影片企業，他們在全球擁有超過 1 億 9000 萬名會員，為製作原創作品不惜投入巨額經費。

Netflix創立於1997年，一開始是經營DVD線上出租生意，後來改推定額制租借服務，會員也因此大幅提升。2007年，Netflix轉為影片串流平台，並於2012年開始製作**原創作品**，在眾多平台中脫穎而出，**發展成擁有超過1億9000萬名會員的全球最大網路影片企業**。Netflix 2019年度的全年營收為201億5600萬美元，其中光是美國國內的串流就占了45.9%，串流無疑已成為他們的主力事業。

Netflix 的影片網站稱霸之路

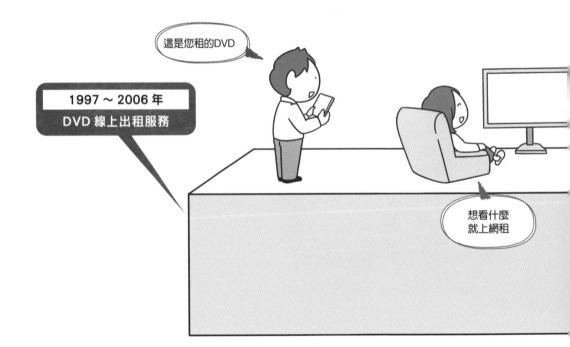

這是您租的DVD

1997～2006 年
DVD 線上出租服務

想看什麼
就上網租

Netflix往年的現金流都是大幅度的負值，但這是因為他們花費巨額費用在製作和購買影集。此外，**Netflix的「推薦功能」令其他同業望塵莫及**。他們利用人工智慧分析用戶的觀看數據，排列出用戶可能感興趣的作品，依順序置頂推薦。如今影片平台的競爭趨於白熱化，有消息指出Netflix之後可能進軍遊戲界。但目前遊戲界臥虎藏龍，在索尼、微軟、騰訊等強敵環伺之下，Netflix應該很難攻下這塊市場。

原創影集好燒錢～

2007 年　轉為影片串流平台
2012 年　著手製作原創作品

電影、連續劇、動漫、紀錄片，應有盡有！

為什麼他知道我想看什麼影片？

每季預算相當於一部電影巨作

Netflix 的「推薦功能」

Netflix 的最大強項。運用大數據分析用戶的使用狀況（觀看紀錄、作品評價），跟其他有類似喜好的會員進行比較，根據影片的分類、演員、上映或播出年分等資訊，列出專屬於該用戶的推薦影片。

07 迎戰 GAFA 的資訊科技巨人——微軟

微軟曾是君臨天下的作業系統霸主。近年雖有停滯不前的趨勢，但企業價值仍居高不下，在雲端領域與 GAFA 激烈廝殺。

　　經過一段停滯期的微軟公司，這幾年又東山再起。微軟曾以電腦作業系統「Windows」創下傲人的市占率，卻因為沒有趕上資訊科技的行動化和雲端化風潮，導致龍頭寶座被GAFA奪走。因微軟的傳統收益支柱是「Windows作業系統」的授權費和「Office」等套裝產品的銷售收入，導致被Amazon搶先一步攻占雲端市場。直到**2014年薩蒂亞‧納德拉接任執行長後，微軟才著手推動所有服務的行動化與雲端化，因而創下有史以來的最高收益。**

微軟的東山再起戰略

但在雲端方面已遭Amazon捷足先登

雖說「Office」是商界必用軟體……

沒趕上資訊科技的行動化和雲端化風潮

◎微軟過去的收益支柱
・Windows 授權費用
・「Office」等套裝產品

除了發展混合實境（Mixed Reality，簡稱MR）這種新世代技術，微軟雲端事業的業績也是突飛猛進，他旗下的雲端服務「**Azure**」還跟美國大型通訊公司AT＆T合作，拿下沃爾瑪這個大客戶。微軟2020年7月～9月的雲端事業（含Azure）營收為130億美元，超過同期Amazon AWS的116億美元。2019年秋天，微軟的法人雲端事業擠下Amazon，成功標到美國國防部價值100億美元的「聯合企業國防基礎建設（JEDI）[1]」，引來各界矚目。此外，微軟還與索尼合作對抗GAFA，推行遊戲雲端化。以上種種資訊顯示，**微軟在雲端服務領域的表現不容小覷**。

[1]譯註：此合約已在2021年7月遭美國國防部取消。

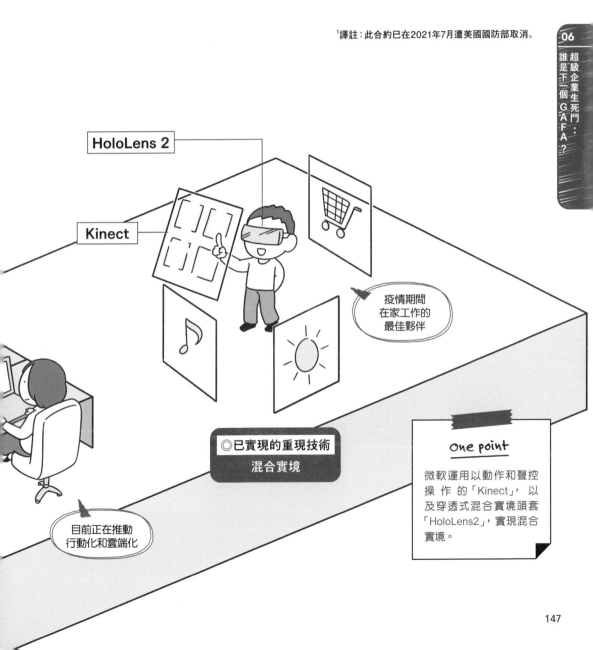

HoloLens 2

Kinect

疫情期間在家工作的最佳夥伴

◎已實現的重現技術
混合實境

one point

微軟運用以動作和聲控操作的「Kinect」，以及穿透式混合實境頭套「HoloLens2」，實現混合實境。

目前正在推動行動化和雲端化

08 新世代的汽車產業之霸 ——電動車製造商特斯拉

GAFA 近來備受矚目的特斯拉，是這半世紀內唯一在美國市場上市的汽車公司。他們全力投入電動車的開發工作，以創造「綠色能源」為目標。

　　如今的汽車產業結構已非昔比，而特斯拉就是這波變化的象徵。特斯拉於2010年於股市上市，上一次有汽車公司在美國上市是半個世紀以前、1956年的福特公司。也就是說，**特斯拉以黑馬之姿，打入有如銅牆鐵壁一般的汽車產業，乘著「燃油車換電動車」的時代潮流，在汽車界掀起了一波結構革命**。雖說汽油車、柴油車的淘汰已是不可抗拒的潮流，但支撐產業的事業結構卻存有非常大的差異。

傳統汽車產業結構的破壞者

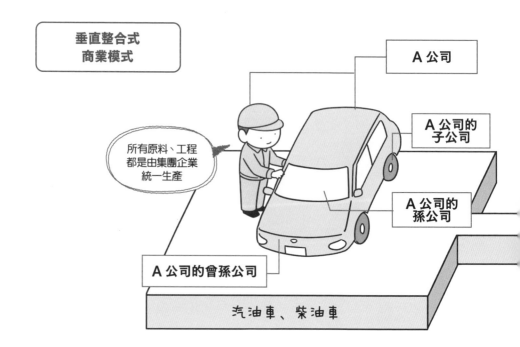

傳統汽車產業採用**垂直整合式商業模式**，企畫、生產、銷售的過程必須由上游到下游的企業整合完成。想要製造燃油車，就必須建立一系列的零件供應商，這有如一道銅牆鐵壁，阻擋外來者打入這個產業。相對地，新世代汽車產業則採**水平分工式商業模式**，於製造的各階段分別向外部訂購零件。電動車是以「模組化」的方式，組合統一規格的零件，這套機制打破了汽車產業的銅牆鐵壁。不過，千萬別以為特斯拉只是一家電動車製造商。特斯拉的執行長伊隆·馬斯克開發電動車的目的，其實是為了製造綠色能源，解救因破壞環境而面臨資源枯竭的人類。**事業模式方面，目前特斯拉運用太陽能發電製造綠色能源，將能源存入充電電池，再提供給電動車使用**。

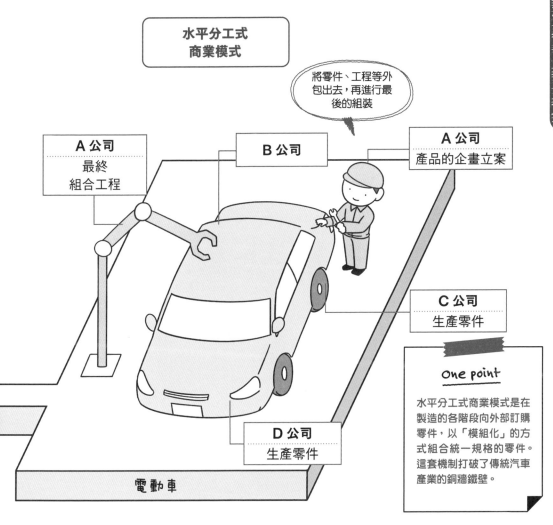

水平分工式
商業模式

將零件、工程等外包出去，再進行最後的組裝

A 公司
最終組合工程

B 公司

A 公司
產品的企畫立案

C 公司
生產零件

D 公司
生產零件

電動車

one point

水平分工式商業模式是在製造的各階段向外部訂購零件，以「模組化」的方式組合統一規格的零件。這套機制打破了傳統汽車產業的銅牆鐵壁。

09 超級 App 經濟圈建構者 ——軟銀集團

軟銀集團使用「群戰略」，接連併購成長企業，並與雅虎和 Line 整合，形成巨大的「超級 App 經濟圈」。

軟銀集團於中長期經營採用「**群戰略**」。所謂的「群戰略」，是指「**讓那些在特定領域擁有出色技術和優良商業模型的企業各自決定策略，透過資本關係和夥伴之間的結合來持續創造、保持成長。**」其領域包括尖端科技、一般消費者服務、金融、交通、不動產、物流管理、醫療、法人服務等。近年軟銀宣布以「人工智慧群戰略」為重，將投資主力放在人工智慧相關企業。

軟銀的「群戰略」

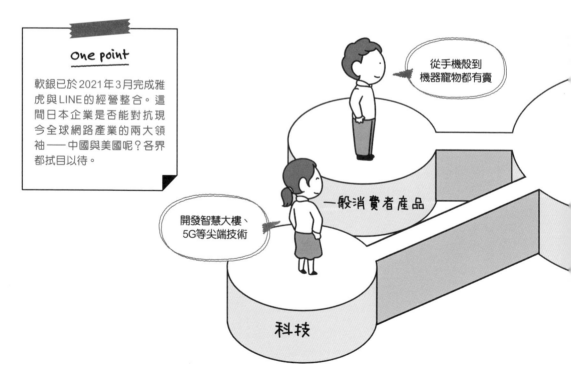

One point

軟銀已於2021年3月完成雅虎與 LINE 的經營整合。這間日本企業是否能對抗現今全球網路產業的兩大領袖——中國與美國呢？各界都拭目以待。

從手機殼到機器寵物都有賣

一般消費者產品

開發智慧大樓、5G等尖端技術

科技

軟銀是PayPay公司所營運的手機行動支付工具「PayPay」的最大出資者。他們將PayPay作為引領顧客的入門工具，藉此刺激雅虎購物、ZOZOTOWN、PayPay Mall、PayPay Flea Market、LOHACO等電商零售網站的成長。不僅如此，軟銀打算建立一套強大而堅固的商業系統，他們引導的服務包羅萬象，像是銀行、證券、保險等金融服務，以及共乘交通、通訊、電力能源、旅行，只要跟生活有關的都應有盡有。2019年12月，軟銀宣布子公司**雅虎與LINE進行經營整合的消息，之後將以PayPay和LINE為基礎，為整體集團建立「超級App經濟圈」**。

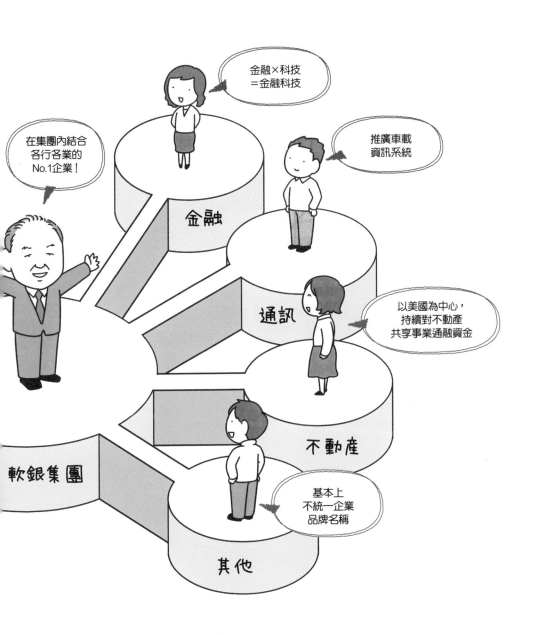

10 全球汽車銷售王 ——豐田的新世代戰略

「看板管理」是豐田不變的經營戰略,就連國外企業也都爭相效仿。他們還運用「看板管理」打造了「編織市(Woven City)」,作為新商業模式的巨大實驗場。

　　身為日本國內的總市值之冠,豐田之所以如此強大,是因為他們採用名為「看板管理」的生產程序管理法。這套管理法的目的在於徹底排除浪費,「只在必要時製造必要的物品、生產必要的量」。這裡的「看板」是指小卡片,上面寫有製造什麼、如何製造等資訊。員工照著小卡上的指示製作零件,藉由這樣的方式減少庫存。**「看板管理」是豐田的經營模式,他們在新世代汽車市場中依然具有優勢。**

豐田生產方式的本質

目前中國的智慧城市計畫正如火如荼展開，豐田在這方面也不落人後，甚至可能超越中國。豐田於2020年消費電子展上發表了「編織市」城市計畫，宣布2021年初要在日本富士山山腳下的東富士工廠舊址動工，**運用自動駕駛和機器人等最新技術打造一座「連線城市」**，將來用地預計能擴展至70萬平方公尺。隨著人工智慧和物聯網的發展，待5G高速通訊網建構完成，就可以驗證這座城市的新價值和商業模式。編織市有如一座巨型實驗場，供豐田獨步天下，開發應用新的技術與服務。

11 電玩事業大躍進── 起死回生的「世界級索尼」

索尼雖然一度傳出經營危機，但他們積極進行企業重組，有如神跡般東山再起，不但成功度過了「索尼危機」，還一躍成為全球最大遊戲公司。

一度傳出經營危機的索尼，近年在日本國內為我們示範了何謂「起死回生」。一切得從2003年的年度財報講起，索尼業績完全不如預期，接下來的2004年營收也大幅下滑。該消息流出後，索尼的股價連續兩天跌停，就此一蹶不振，陷入「**索尼危機**」。直到2012年，**副總裁平井一夫升任總裁兼執行長，積極進行企業重組，索尼才得以復活。**

索尼的企業重組

時代支柱：索尼電器
· 液晶電視「BRAVIA」
· 電腦品牌「VAIO」

自推出Walkman隨身聽後，索尼一直走在時代尖端

說到液晶電視就想到索尼

電腦也要買日本品牌～

「索尼危機」發生前

為強化財務體質，平井一夫縮小、裁併、收掉虧損事業，將經營資源集中在成長事業又或是高收益事業，並處理掉索尼在日本和美國的辦公大樓等不動產。他賣掉了索尼過去的收益支柱——「VAIO」品牌的電腦部門，將電視部門獨立出來設立子公司，總共裁掉了約2萬名職員。**目前遊戲部門是索尼的金雞母，說他們是世界第一大遊戲公司也不為過。**今後串流將成為遊戲的主流，索尼表示將與微軟攜手合作，一同對抗Google於2019年推出的雲端遊戲服務「Stadia」。

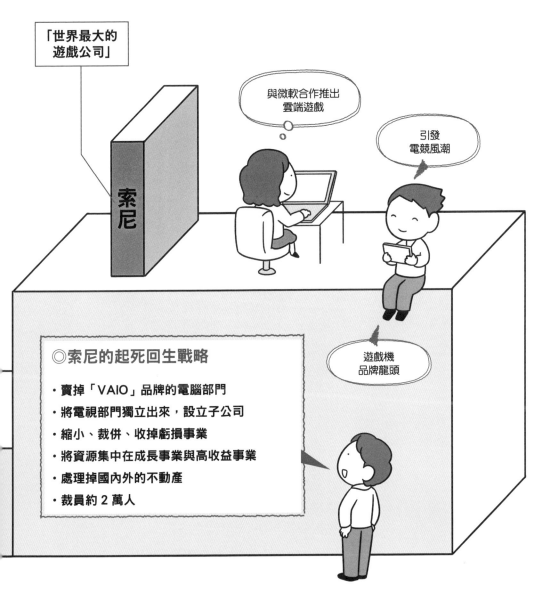

社群網路交流文化的推手

馬克・祖克柏
Facebook

馬克・祖克柏於1984年5月14日出生在美國紐約州西切斯特郡的白原市。他的父親是牙醫，母親是精神科醫師，從小在不愁吃穿的富裕環境下長大。父親很早就教導祖克柏如何設計程式，12歲那年，祖克柏就開發出一套櫃檯業務系統軟體「祖克網（ZuckNet）」，支援父親的牙醫工作，從「人與人的交流」間找出了價值。

18歲時，祖克柏開發出基於用戶喜好建議歌曲的音樂程式——「Synapse Media Player」。據傳，微軟曾出價100萬美金打算買下這套程式。

祖克柏進入哈佛大學就讀後，寫出了兩套非常「大學生」的程式。他先是開發可列出所有學生選課

名單的「CourseMatch」，並將這套程式放到校園網路上；接著又開發了「FaceMash」，讓學生互相評比長相美醜。祖克柏為了開發「FaceMash」，甚至駭入大學的宿舍區域網路，未經他人授權就使用學生照片。為此，祖克柏遭到校方處分，並向校園裡的女性團體道歉。

　　不過，這次風波並未讓祖克柏一蹶不振，他19歲時又開發出Facebook，供哈佛大學的學生彼此連結。Facebook原本只是建給哈佛學生用的平台，卻意外受到其他學校和企業的好評。之後為了專注開發Facebook和提升服務品質，祖克柏自哈佛輟學，Facebook也因此發展成連結大眾的世界級社群網站。

Chapter

07

GAFA
everyone's notes

後疫情時代的
GAFA未來

GAFA能平安度過這波疫情嗎？

GAFA 的業績在疫情期間仍不斷成長，變得更加強大。不禁讓人好奇，這四間公司在後疫情時代有什麼樣的未來規畫？他們看中了哪些市場？打算如何因應疫情爆發後的社會變化？本章要帶大家一窺 GAFA 在後疫情時代的未來戰略。

01 GAFA 能在 後疫情時代繼續稱霸嗎？

GAFA 在疫情期間業績仍盛而不衰，他們能在後疫情時代繼續稱霸嗎？面對疫情對生活模式和價值觀帶來的改變，國家和企業應採取何種應對之道呢？

2020年新冠肺炎肆虐全球，但GAFA中除了Google以外，業績皆蒸蒸日上。這代表著，世界已比「疫情前」更加白熱化。這個狀況會持續到**後疫情時代**嗎？從以下三個觀點來看，新冠疫情其實是一種複合式危機。第一，新冠疫情是在多個國家地區同時爆發；第二，新冠危機＝「需求×供給×金融」的三重危機；第三，新冠危機同時打擊「個人×企業×金融機關×政府」四個階層。

後疫情時代鹿死誰手？

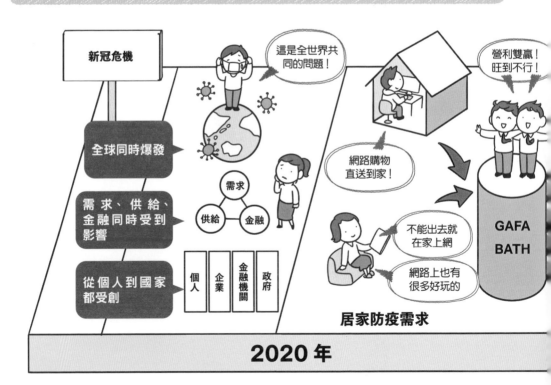

這波供需上的危機，反而讓GAFA、BATH這些數位企業更占上風。很難想像GAFA會在後疫情時代遭到淘汰或失去領導地位，不過，**如果GAFA趁著疫情一味擴張版圖，就會與近年興起的「永續性」和「利害關係人資本主義」等觀念背道而馳，進而失去大眾的支持**。相對地，那些懂得運用新價值觀和體制度過疫情危機的國家與企業，將會在後疫情時代崛起壯大。

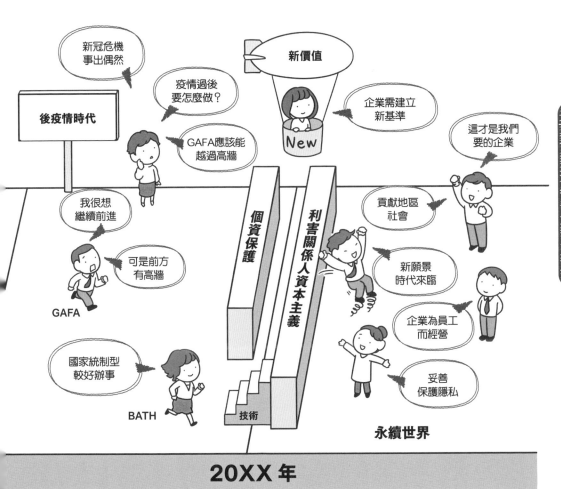

02 GAFA也參一腳！愈打愈烈的人工智慧晶片開發競爭

半導體是發展人工智慧的關鍵技術之一。為了發展自動駕駛和機器人技術，GAFA紛紛投入人工智慧處理器專用的半導體開發工作。

2020年1月，Apple傳出花費2億美元收購人工智慧先創公司「Xnor.ai」。除了Apple，GAFA也各自著手開發人工智慧處理器專用的半導體（**人工智慧晶片**）。人工智慧再怎麼厲害也是電腦程式，要發展人工智慧就必須發展半導體技術。而**人工智慧要做到「學習」和「推論」，絕對少不了圖形處理器（Graphic Process Unit，簡稱GPU）**。圖形處理器是處理三次元圖片的運算裝置，一開始是用來在電腦遊戲畫面上顯示三次元影像，輔助中央處理器進行無法獨力處理的作業。圖形處

人工智慧變聰明的關鍵：GPU

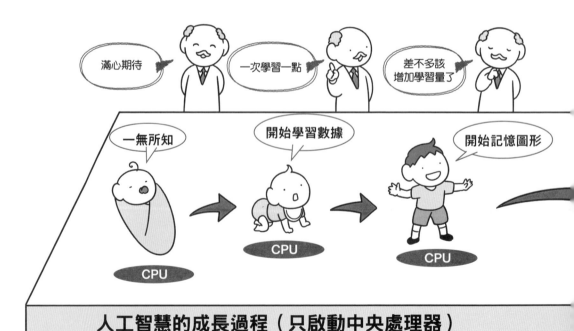

理器擅於同時處理大量影像檔案,非常適合運用在自動駕駛和機器人上。它能將感應器取得的三次元影像上傳雲端,讓人工智慧進行機器學習、深層學習,並在雲端上即時處理感應器取得的三次元影像,供人工智慧進行資料比對,「推論」該如何操控汽車。**除了GAFA,許多半導體公司、汽車零件公司、大型電機公司也是磨刀霍霍,準備進軍人工智慧晶片市場。這場人工智慧晶片開發戰愈打愈烈**,後續發展值得關注。

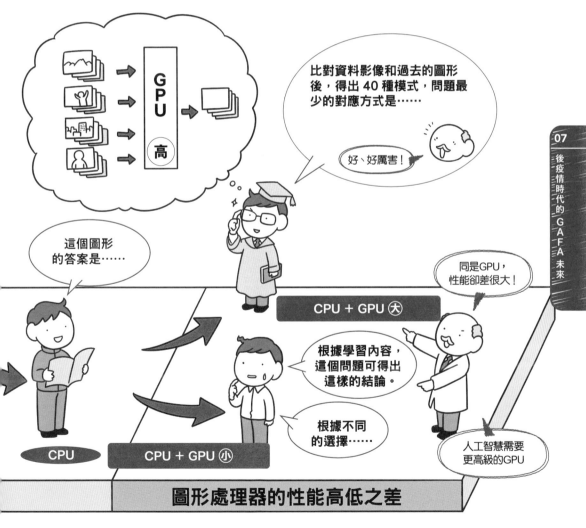

03 Apple 的下一個目標 ——保健市場

「保健」是 Apple 下一個創新目標，他們打算發揮品牌魅力，打造智慧型保健平台，世人都在關注他們接下來打算採取何種戰略。

　　賈伯斯去世後，Apple雖然成長不斷，卻一直沒有大創新。不過，Apple Watch自Series 4起搭載了ECG心電圖功能，讓Apple Watch搖身一變成為健康管理、醫療管理的穿戴式裝置，可以看出**Apple接下來打算在保健市場引發創新**。用戶只要搭配iPhone內建的「**健康應用程式**」，就能查詢自己的心跳數和心率變化，發生異常就會即時收到簡訊通知。由此可見，**Apple的保健戰略已從「健康管理」進化為「醫療管理」**。說到這個，就不得不提Apple的保健戰略後援——「**HealthKit**」。

保健平台化

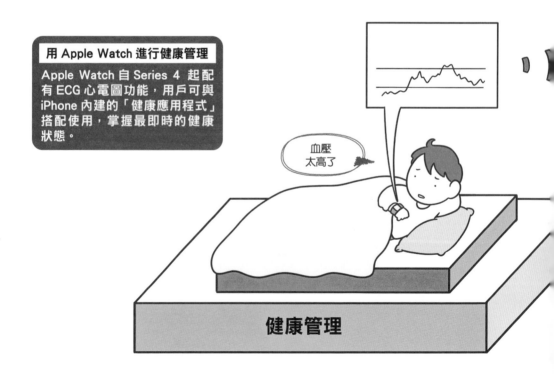

用 Apple Watch 進行健康管理

Apple Watch 自 Series 4 起配有 ECG 心電圖功能，用戶可與 iPhone 內建的「健康應用程式」搭配使用，掌握最即時的健康狀態。

血壓太高了

健康管理

HeathKit是給跟「健康應用程式」合作的開發者使用的工具，裡面存有Apple Watch 等Apple產品所蒐集到的個人醫療健康數據。可以想見，Apple今後還會進一步發展 保健事業，推出更多相關產品與服務，Apple Watch、iPhone這些智慧型保健平台也 會進一步成長擴大。**事實上，對這種醫療類的生態系統和平台而言，最重要的不是 科技，而是信用度和安心感，這恰巧是Apple的強項。雖然Google、Amazon等公 司已經蒐集個資占得先機，但Apple也是不可小覷的勁敵。**

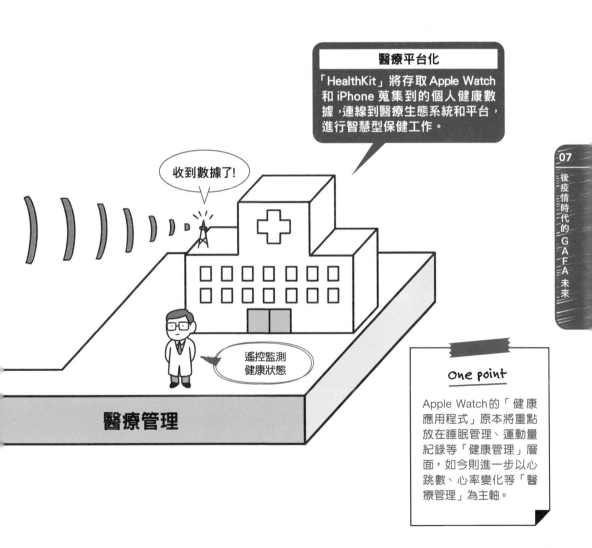

醫療平台化
「HealthKit」將存取 Apple Watch 和 iPhone 蒐集到的個人健康數 據，連線到醫療生態系統和平台， 進行智慧型保健工作。

收到數據了!

遙控監測
健康狀態

醫療管理

one point

Apple Watch 的「健康 應用程式」原本將重點 放在睡眠管理、運動量 紀錄等「健康管理」層 面，如今則進一步以心 跳數、心率變化等「醫 療管理」為主軸。

電子貨幣「天秤幣」能創造巨大商機嗎？

「天秤幣」（Libra）是 Facebook 主導的加密貨幣。這個由坐擁超過 27 億用戶的平台所發行的無國界數位貨幣，無疑為各國金融當局投下了一大震撼彈。

　　2020年3月，Facebook宣布要重新評估加密貨幣「**天秤幣**」的發行計畫。**天秤幣是由天秤幣協會（Libra Association）所計畫發行的加密資產（加密貨幣），基於「天秤國際貨幣、金融基礎設施企畫」**在天秤區塊鏈上發行的一種**代幣**（Token，利用區塊鏈技術發行的加密貨幣）。天秤幣協會的總部位於瑞士的日內瓦，是由Facebook主導成立，他們讓Facebook的子公司Novi加入協會，並宣布要在2020上半年發行天秤幣。

Facebook所追求的世界級金融基礎設施

該協會之所以發行天秤幣，是為了**建立更廣泛的全球級金融系統，即便你沒有銀行帳戶，只要用手機下載專用的電子錢包應用程式，就能進行更開放、更迅速、更低成本的金融交易**。然而，面對這個超越國界的巨大經濟圈，各國金融當局和政治人物紛紛表示擔憂和反對，導致Facebook不得不於2020年4月大幅改變天秤幣的相關內容。比方說，原本天秤幣採取「一籃子模式」，透過數種貨幣組合來決定天秤幣的匯率，後來改採與傳統貨幣共存的「單一模式」，發行個別法定貨幣價值的天秤幣，像是美元為「天秤幣USD」，歐元則是「天秤幣EUR」。

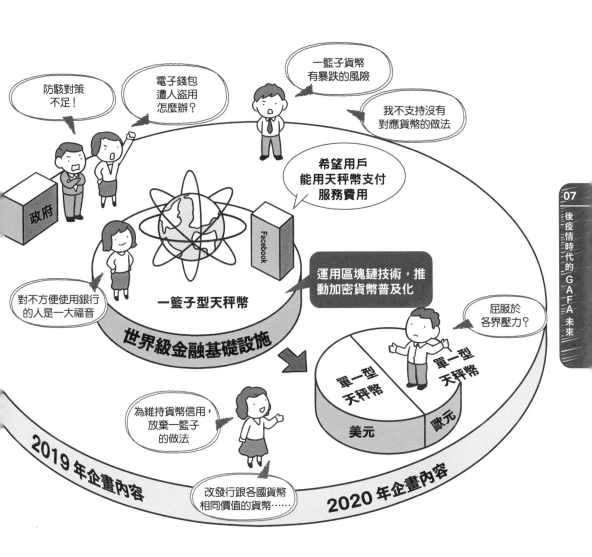

05 Google 能在 自動駕駛市場稱霸嗎？

Google 投入自動駕駛技術開發已超過十個年頭，是歐美國家的自動駕駛先驅。
雖說全自動駕駛是 Google 的目標，但據傳，他們其實另有所圖。

　　Google自2009年起投入自動駕駛的應用開發，並於2016年設立子公司「Waymo」，專門接手自動駕駛的研究開發工作。Waymo於2017年起進行有乘客的自動駕駛公路測試，該測試的行車距離至2018年2月已累積高達800萬公里，是全球進度最快的自動駕駛計畫之一。此外，「地圖」也是自動駕駛不可或缺的資訊之一，自動駕駛車輛使用5G通訊網路，即時更新立體3D地圖，並由人工智慧確保行車安全。

Google 的自動駕駛目標

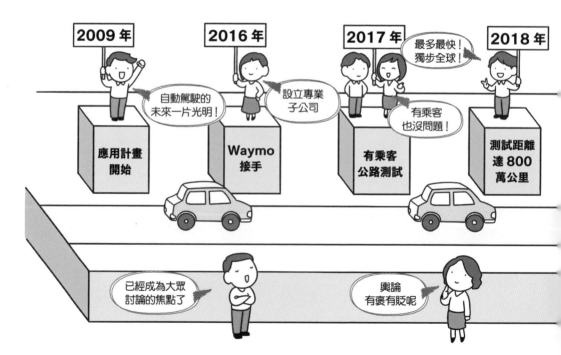

Google地圖和Google街景服務的資料對自動駕駛的幫助很大，**就綜合條件而言，Google相當具有競爭優勢**。他們的目標是將手機的Android系統作為操作自動駕駛的基礎作業系統，為此，他們2014年起便與通用汽車、本田、奧迪、現代汽車等汽車大廠合作，開發車用版Android系統。待全自動駕駛正式上路後，「如何度過車內時光」就顯得格外重要，**Google追求的是一個「汽車由人工智慧駕駛，人類在車裡自由運用時間」的世界**。看來，Google要成為這巨大自動駕駛市場的霸主，絕非癡人說夢。

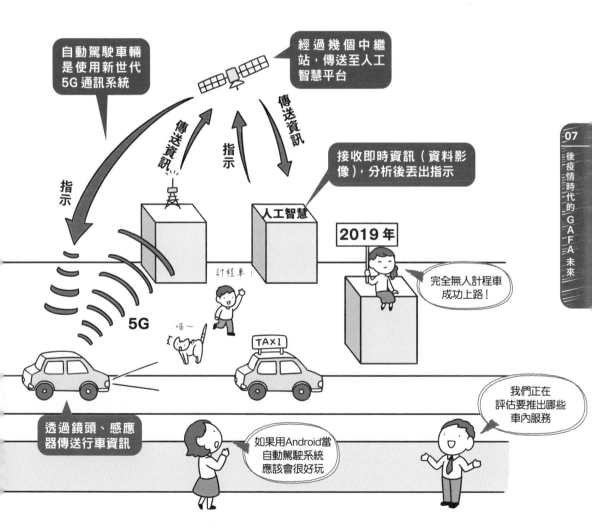

06 如果 Amazon 進軍銀行業……

新加坡的星展銀行曾兩次被財經雜誌《歐洲貨幣》選為全球最佳數位銀行。這一切都得從「如果 Amazon 進軍銀行業」這個假設說起。

　　新加坡的**星展銀行**可說是目前財經界的當紅炸子雞。為什麼星展銀行會這麼紅呢？因為他們被財經雜誌《歐洲貨幣》選為2016年和2018年的「World's Best Digital Bank（全球最佳數位銀行）」，後來又在《環球金融》雜誌的「World's Best Banks 2018（2018年全球最佳銀行排行榜）」中，成為首度拿下「Best Bank in the World（全球最佳銀行）」的亞洲銀行。為什麼星展能打敗高盛、摩根大通等企業，勇奪「最佳」的稱號呢？

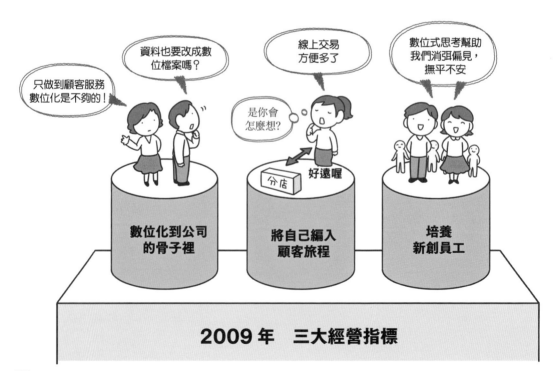

星展銀行：以 Amazon 為指標進行改革

星展銀行從「如果Amazon的執行長貝佐斯進軍銀行業，他會怎麼經營銀行呢？」這個問題為出發點，重新定義了「銀行業」。2009年，星展銀行發現數位交易比客戶親自到場更能讓銀行賺錢，於是他們訂出三大經營指標——「數位化到公司的骨子裡」、「將自己編入**顧客旅程**」、「培養2萬2000名新創員工」，**徹底推動數位化，站在顧客的角度為顧客著想，重新訓練員工心態，像新創企業一樣做事迅速、尋求創造創新**。在這整個過程中，星展銀行用行動親身為世人展現了「如果Amazon進軍銀行界會怎麼做」。

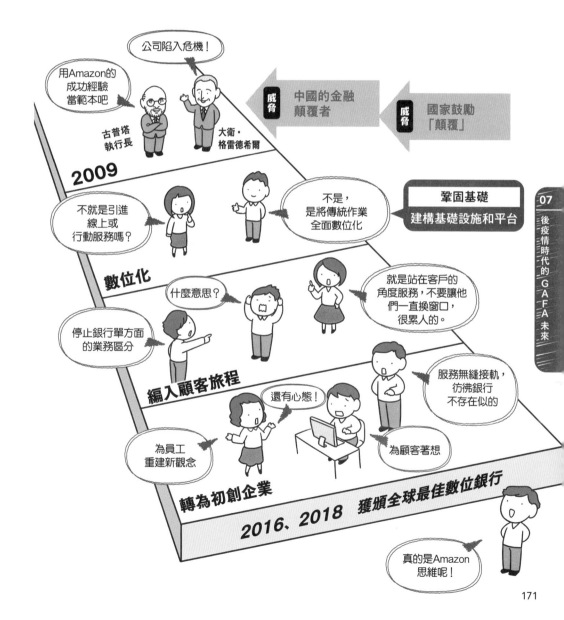

07 上太空建平台！貝佐斯的太空夢

Amazon 執行長貝佐斯對宇宙心懷嚮往，他以個人身分投資 500 億日圓，創立太空公司開發火箭。但是，如果你以為貝佐斯的最終目標只是上太空，那可就大錯特錯了。

　　很多人只知道貝佐斯是將Amazon經營成「全球最強什麼都賣公司」的執行長，但不知道他其實一直懷抱著「太空夢」。**2000年，他以個人名義成立了太空公司「藍色起源（Blue Origin）」**，其宗旨是拉丁語「Gradatim Ferociter!」，意為「不斷前進，勇往直前！」。藍色起源以雷霆之勢開發火箭，並於2015年發射成功。AWS的太空事業目前已經起步，並開始賺取利潤收入。說藍色起源是貝佐斯的「夢想企業」也不為過，而驅使貝佐斯上太空的，是「幫助世人移居太空」的這個想法。

貝佐斯的太空事業計畫MARS

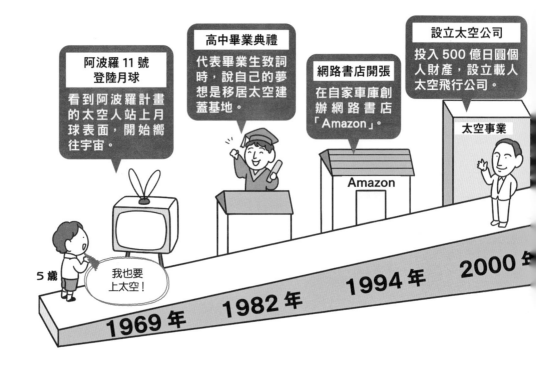

貝佐斯為了建構太空商務平台，向藍色起源投資了500億日圓的個人資金，開發可重複使用的載人太空船「新謝帕德號（New Shepard）」。不過，貝佐斯的目標並非只是上太空，而是「降低上太空的成本」。**一旦貝佐斯建立太空事業平台，其他公司也將紛紛跟進，這麼一來，就能透過競爭降低成本，刺激整體太空產業的發展**。貝佐斯的使命是「幫助世人移居太空」，願景是「建構宇宙商務平台」，其價值與Amazon並無差異，都是「顧客至上主義、超長期思維、熱衷於創新」。

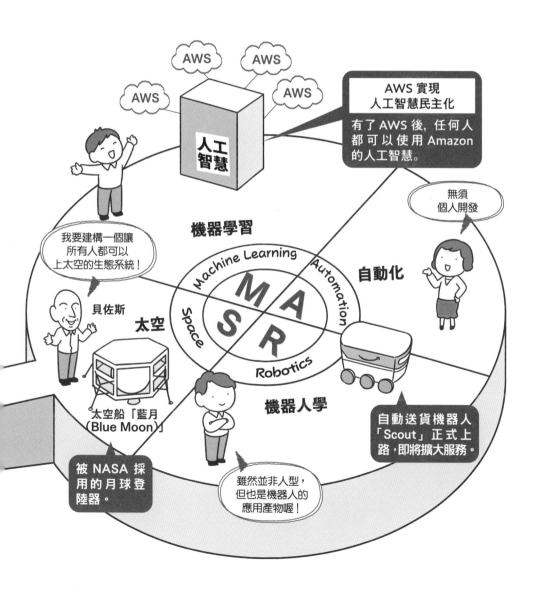

08 GAFA 所關注的 新世代技術

「環境運算」將成為 GAFA 下一個廝殺的戰場。此外，目前各大企業都在開發相隔兩地也能透過全像投影對話的「遠端呈現（ Telepresence，又譯「遙現」）」技術。

「**環境運算**」是目前GAFA最關注的新世代技術之一，其英文為「Ambient Computing」，「Ambient」的意思是「環境的」、「周圍的」。什麼是「環境運算」呢？目前的電腦服務都必須透過個人電腦、平板電腦、智慧型手機等裝置才能使用，但在5G、擴增實境／虛擬實境等科技的交疊使用下，**無須傳統裝置也能使用服務的時代即將來臨，這樣的環境就稱為「環境運算」**，而微軟就是這方面的先驅。

GAFA 的新世代技術廝殺戰場

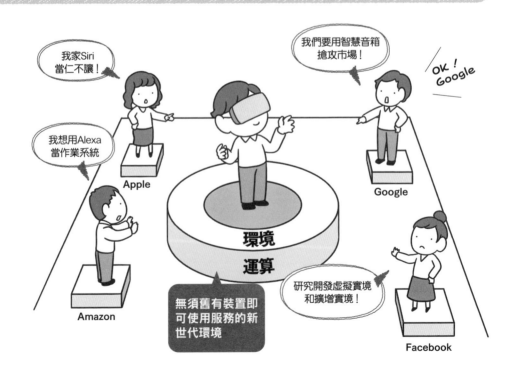

微軟使用「Kinect」和「HoloLens」這兩個裝置來實現混合實境，將現實世界與虛擬世界完全融合。「Kinect」是一種可用身體動作和聲控操作的裝置，「HoloLens」則是混合實境頭套。戴上頭套後，就可看到全像投影浮在半空中，這時只要用手指觸碰投影，即可操縱電腦。此外，「**遠端呈現**」也是特別值得注意的技術，該技術是使用全像投影將影像傳送到遠端，可讓遠方的人以影像的形式出現在眼前並進行對話，物理距離儼然已不是阻礙。微軟執行長納德拉對此表示：「**第三波全球化將由遠端呈現來完成。**」

混合現實的世界

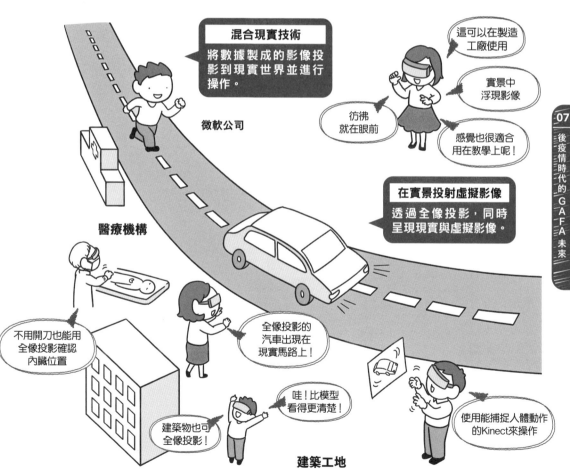

不落人後！全球都在瘋的「永續發展目標」

2015年聯合國宣布「永續發展目標（SDGs）」，對此，GAFA 勢在必行，追求永續社會、解決社會問題。

聯合國於2015年宣布了**「永續發展目標」**，英文為**「Sustainable Development Goals」**，一般簡稱為**「SDGs」。其中包括17項大目標，以及為達成大目標而設定的169個細項目標**。大目標是為了解決全球等級的社會問題，包括「消除貧窮」、「消除飢餓」、「確保所有人的健康與福祉」等。目前日本企業所從事的社會貢獻活動，大多都與他們的本業無關。**反觀其他國家的科技巨頭，都已將永續發展目標納入本業的一環。**

追求永續發展的時代

貧窮　飢餓　健康、福祉　教育　性別平等

夥伴關係

和平與公正　氣候　**17項永續發展目標**　水與衛生　能源

保護海洋

保護陸域　生產與消費　城市建設　產業、技術革新　工作價值、就業

減少不平等

2030年前應達成的目標

Google員工因不滿公司的氣候變遷方針而發起抗議，在這樣的背景之下，Google於2019年宣布將執行**永續性**相關計畫，以及推出「Google新創企業加速器計畫（Google for Startups Accelerator）」，援助那些設法解決社會問題的新創企業。Apple執行長庫克則非常重視「永續性」，將之視為最重要的課題。2019年9月，Apple因100%使用可再生資源而獲頒聯合國獎項。此外，微軟在2020年1月宣布「將於2030年實現負碳排放（Carbon Negative）」，「預計於未來4年投資10億美元，開發並推進消除二氧化碳的技術」。

10 數位資本主義所帶來的弊害

在數位資本主義的高速發展下，許多弊端已是紙包不住火。其中一個便是個資保護問題，目前歐美國家已著手制定相關規範。

　　過去幾年來，因高速發展而產生的「**數位化弊端**」紛紛浮上檯面，「個資保護」就是其中之一。**到目前為止，GAFA等數位平台蒐集了數量龐大的用戶個資，用以提升顧客體驗、提升服務品質**。但令人憂心的是，這些過程是不透明的，用戶並不清楚企業會如何運用自己的個資。直到近年連環爆出個資洩漏事件，比方像是之前Facebook的8700萬筆用戶個資外流案，人們才注意到自己的隱私竟暴露在這樣的風險當中。

當紙再也包不住火：數位資本主義弊端

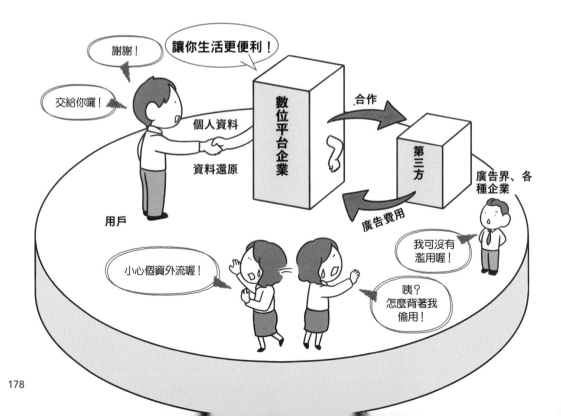

在上述背景下，全球驟然吹起一股個資保護風潮，歐洲開始施行《一般資料保護規範》，美國也推出《加州消費者隱私保護法》。由此可見，**全球風向正從資料數據吹向個人隱私，發生了很大的變化**。數位化大幅改變了社會的樣貌與人們的價值觀，但既然數據化弊端已浮上檯面，我們就必須思考「下一步」該怎麼做，也就是GAFA模式的下一步──「**後數位資本主義**」。事實證明，數位資本主義因過度追求物質享受，已然造成某種層面的損害。**後數位資本主義會帶人類走向哪裡呢？繼GAFA之後席捲全球的又會是什麼呢？**相信答案應該是「人類中心主義」。

個資價更高的時代

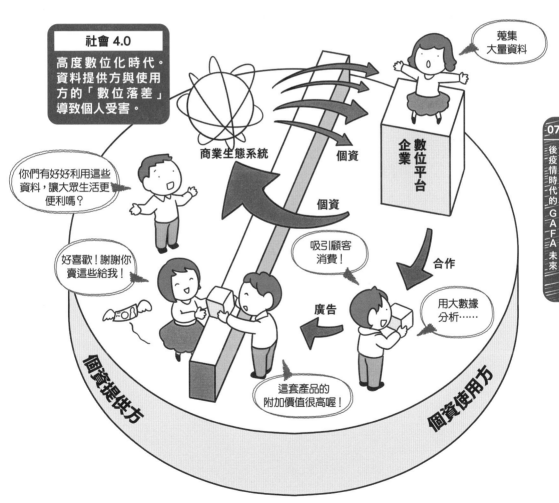

面對後疫情時代, GAFA 也是泥菩薩過江！？

後疫情時代的霸權之爭早已點燃戰火。面對重重危機，企業存活的關鍵在於能否配合新社會進行轉變。

疫情爆發後，全球籠罩在新冠肺炎的陰影之下，一場圍繞著「**後疫情時代**」的霸權爭奪戰已然開打。**在如此險峻的狀況下，企業採取的戰略便顯得格外重要，一舉一動都將成為影響後續局勢的關鍵**。在此提醒大家，今後社會將發生下述三種變化，各位一定要有心理準備。

①**價值觀變化**加快：社會的焦點將從「經濟」上移開，重新審視過度發展的金融資本主義，設法改善各種不公與落差，並且更注重環境生態。

疫情期間仍持續壯大：人們對 GAFA 的期許

物流運能下降，影響銷售

新冠危機

供應鏈斷鏈，生產力低落

影響　　影響

訂單增加，一時間運送爆量

我們有備無患，突發狀況也不怕

Amazon

運用機器人等技術，準備下一步對策

Apple

GAFA 的新冠疫情對策

②失勢的舊體制將遭到顛覆或淘汰：企業領袖必須做好心理準備，你即將面臨一場前所未見的經濟危機。這場危機無法靠傳統體制度過，若不抓緊時機將舊有體制連根拔起、堅持進行結構改革，公司總有一天會因為體力透支而遭到時代淘汰。

③新社會的誕生：唯有度過危機、成功建立新價值觀與體制的國家與企業，才能獲得大眾支持，在後疫情時代崛起壯大。

進入後疫情時代後，人們將更加厭惡權力過度集中的情況。雖說如今GAFA的優勢仍在，但重點在於「身處這疫情危急的時刻，企業能為這個世界和社會做出何種貢獻」。

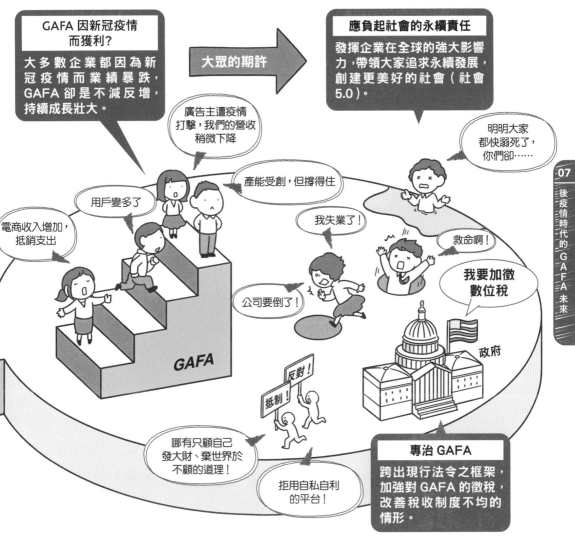

12 社會 5.0 時代的應對之道

「社會 5.0」（Society 5.0）是一種新世代構想，透過虛擬世界與現實空間的融合，在發展經濟的同時兼顧社會問題。這個構想的核心為「人類中心主義」，也是日本今後能否找出活路的關鍵。

　　社會5.0的定義為「透過資訊空間（虛擬空間）與物理空間（現實空間）的高度融合系統，兼顧經濟發展與解決社會問題的人類中心社會」。人們一路從狩獵社會（社會1.0）、農業社會（社會2.0）、工業社會（社會3.0），發展至現今的資訊社會（社會4.0）。在過去的資訊社會中，知識與資訊並沒有被分享出來，導致各領域缺乏橫向合作。進入社會5.0後，人們將過著舒適且充滿活力的高品質生活。

社會 5.0 大解析

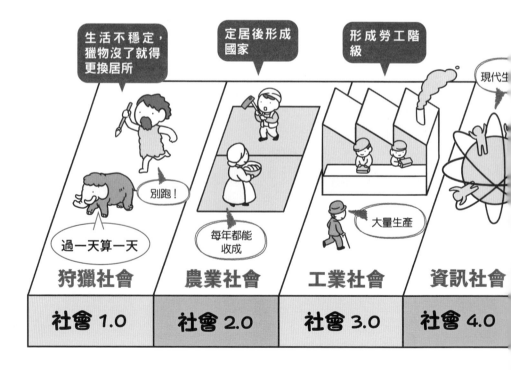

在社會5.0中，物聯網將所有的人與物連結在一起，透過共享各種知識與資訊來創造前所未有的全新價值，克服問題與困難。**社會5.0中最重要的便是「人類中心主義」**，也就是GAFA模式的下一步、後數位資本主義為我們指引的方向。日本政府要在下一個世代找出新的活路，一定要盡力摸索「下一步」該怎麼做，進一步發展並強化「社會5.0」。無論是數據之戰還是隱私權保護政策，日本都已經落後人家一大截，相信之後日本一定能透過發展社會5.0，找到屬於自己的出路。

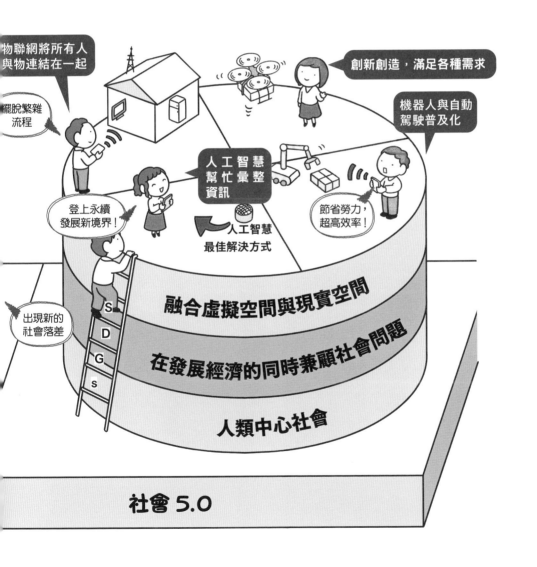

數位資本主義時代的王者

傑夫·貝佐斯
Amazon

傑夫·貝佐斯在 1964 年 1 月 12 日生於美國新墨西哥州的阿布奎基市，在德州休士頓長大。

貝佐斯還是嬰兒時父母便離異，他跟著媽媽住在外公家。1968 年，媽媽帶著 4 歲的貝佐斯嫁給了古巴人米格爾·貝佐斯，之後舉家搬到佛州邁阿密。貝佐斯進入當地的邁阿密棕櫚高級中學就讀，期間參加了佛羅里達大學的科學訓練專案，他不僅是全校榜首，還獲頒美國優秀學生獎學金。

1986 年，貝佐斯取得普林斯頓大學的電子工程及電腦科學學位。畢業後，他先是進入一家金融通訊的新創企業工作，後轉至德劭基金服務。

貝佐斯在德劭利用網路拓展生意，過程中發現，使用網路的人口正急速上升。於是，他在從紐約前往西雅圖的路上寫了一份事業企畫書，並於 1994 年在自家倉庫創立網路書店「Cadabra.com」。

　　1995 年 7 月，貝佐斯將書店名稱改為「Amazon.com」，第一個月的客戶就遍及美國各州及 45 個國家。之後他拓展商品領域，開始銷售各種物品，業績也隨之蒸蒸日上，並在 1997 年 5 月將 Amazon 正式上市。

　　Amazon 在 2000 年初曾一度陷入經營危機，貝佐斯果斷執行企業重組，關閉物流中心、裁減人員，這才平安度過瓶頸。如今，Amazon 已成為世界規模最大的零售企業，貝佐斯個人於 2013 年買下華盛頓郵報，並在 2017 年賣掉相當於 10 億美元的自家股份，設立太空開發公司藍色起源。貝佐斯的資產於 2020 年達到 2046 億美元，成為全球首位資產突破 2000 億美元大關的人物。

結語

GAFA 所學，
未來所用

在本書的尾聲，我想要帶大家再次回到「GAFA為何如此強大」這個議題。GAFA何以強大至此？我認為脫離不了下述三點。

第一，其戰略符合現代商務競爭原理，並非靠「單一」產品或服務決勝負，而是從平台、商業生態系統等「整體」多方位進行。舉例來說，Apple的營業額大半來自iPhone、iPad等硬體，但還是建構出「硬體、軟體、服務」三足鼎立的商業模式，藉此取得市占率。

第二，這些企業都將重點放在「提升顧客體驗」上。以顧客為重心而非企業本身，最終順利取得龍頭之位。正因為他們以「提升易用性」為目標，才能稱霸市場，獲得廣大用戶的支持，市占率大幅成長。

第三則是「大膽規畫願景」＋「高速PDCA循環式品質管理」。GAFA的共同之處在於，他們發展任何事業前，都會先放膽規畫願景，再透過高速PDCA循環式品質管理，用競爭對手望塵莫及的速度執行計畫。

　　這三點都是現今日本大企業所缺乏的戰略模式，也是日本未能擠入GAFA之列的原因之一。日本企業已經晚了人家好幾步，應徹底檢視這三個項目。

　　正如本書所提到的，目前GAFA發展得過於巨大，因而引發批評浪潮，甚至有人提出分割解體等論調。雖說微軟於1998年也曾被美國司法部依《反壟斷法》提告，但今時不同往日，情勢已大不相同。如今美中兩國掀起「新冷戰」，「科技霸權」和「國家安全」已成為不可分割的一體兩面。「分割解體」說來簡單，但GAFA身為美國的科技霸權重心，若貿然分割解體，將降低美國的科技能力，最後使中國企業坐收漁翁之利。然而到頭來，重點還是在於消費者的支持。能否好好處理個資問題、奉行顧客至上主義，將成為GAFA今後是否能夠繼續稱霸的關鍵。

田中道昭

用語索引

（以數字、英文字母、中文筆畫順序排列）

數字

20% 法則	84
5G 霸權	139

英文字母

Alexa 經濟圈	57
Amazon Go	56
Apple One	42
Apple 危機	69
Audience Network	45
AWS	24
Azure	147
BATH	134
B to B	48
B to C	48
Cookie	112
EQ	100
ET 城市大腦	129
G Suite	35,65
Google Play	32
Google 地圖	169
Google 街景服務	169
Google 雲端平台	35,65
GPU	162
HealthKit	165
iOS 應用程式經濟	122
iPhone SE	71

LINE	47
NeXT	88
OKR	98
PEST 分析	118
Prime Air	57
QQ	141
QQ 空間	141
Waymo	36,168

中文筆畫

一般資料保護規範	110
人工智慧晶片	162
人工智慧優先	18
人行道實驗室	128
人類中心主義	183
十一條成功法則	90
十大信條	92
十四條領導準則	102
下一個 GAFA	134
不同凡想	40
什麼都賣商店	79
分散式帳本	124
天秤幣	166
天貓國際	136
太空事業平台	173
支付寶	136
月活躍用戶	39
比特幣	124
水平分工式商業模式	149
代幣	166
加州消費者隱私保護法	112
史帝夫・賈伯斯	21,104

司法委員會	108	氧氣計畫	96
平台	17	破壞式創新	84
正念	100	索尼危機	154
永續性	126,177	財務戰略	76
永續發展目標	176	馬克・祖克柏	22,156
用戶體驗	39	高收益體質	73
企業重組	154	假消息	114
字母控股	31	健康應用程式	164
收入分配	122	區塊鏈	124
百度	120	商業生態系統	17
百度大腦	143	國家統制型資本主義	119
自我領導	102	推薦功能	145
行動方針	93	淘寶網	136
行動優先	30	第一天	52
行銷 4.0	54	第二天	52
利害關係人資本主義	127	連結性	23
私訊型平台	47	陳一鳴	100
使命	16	麥金塔電腦	88
兩個披薩原則	94	傑夫・貝佐斯	25,94,184
拒用仇恨牟利運動	75	提姆・庫克	21,71,130
社會 5.0	75	華為危機	138
阿波羅計畫	120,143	菲利普・科特勒	54
垂直整合式商業模式	149	虛擬實境	44
後疫情時代	160,180	超級 App 經濟圈	151
後數位資本主義	179	開放手機聯盟	32
持續式創新	84	開放汽車聯盟	37
星展銀行	170	黑人的命也是命抗爭運動	75
看板管理	152	微信	141
約翰・布蘭登	90	微觀管理	96
約翰・杜爾	98	新冠肺炎	67,79
訂閱服務	42	經營戰略	76
原創作品	144	群戰略	150
桑德爾・皮查伊	19,80	資料可攜權	110,116

資產報酬定位圖 ·························· 62

電子商務 ································· 50

遠端呈現 ································ 175

價值觀變化 ····························· 180

數位化弊端 ····························· 179

數位稅 ································· 109

編織市 ································· 153

賴利・佩吉 ····························· 26

駭客之道 ································ 87

駭客精神 ································ 86

營業利潤率 ·························· 50,62,68

環境運算 ······························ 174

總市值 1 兆美元 ························· 38

總資產周轉率 ··························· 62

聯邦貿易委員會 ························· 117

謝爾蓋・布林 ·························· 58

藍色起源 ······························ 172

轉換率 ·································· 66

騰訊 ··································· 47

顧客介面 ······························ 41

顧客旅程 ·························· 54,171

顧客體驗 ······························ 24

聽證會 ·······························108

◎ 主要參考文獻

《全球科技八巨頭 GAFA × BATH：一本書掌握最新產業趨勢、殺出未來活路》
田中道昭著（先覺出版）

《亞馬遜 2022：貝佐斯征服全球的策略藍圖》
田中道昭著（商周出版）

『経営戦略 4.0 図鑑』
田中道昭著（SB クリエイティブ）

《2025 年的數位資本主義：從「數據時代」到「隱私時代」》（暫譯）
(2025 年のデジタル資本主義：「データの時代」から「プライバシーの時代」へ)
田中道昭著（NHK 出版）

《經營戰略 4.0 圖鑑》（暫譯）
(経営戦略 4.0 図鑑)
田中道昭著（SB Creative 出版）

《從軟銀預測 2025 年的世界：將引發產業界大洗牌的「孫正義大戰略」》（暫譯）
(ソフトバンクで占う 2025 年の世界　全産業に大再編を巻き起こす「孫正義の大戦略」)
田中道昭著（PHP 研究所出版）

《2022 年的新世代汽車產業：不同行業的戰爭攻防與日本的活路》（暫譯）
(2022 年の次世代自動車産業　異業種戦争の攻防と日本の活路)
田中道昭著（PHP 研究所出版）

《Amazon 銀行誕生的那一天》（暫譯）
(アマゾン銀行が誕生する日)
田中道昭著（日經 BP 社出版）

《GAFA 的財務報表：解析超傑出企業的利潤構造和商務機制》（暫譯）
(GAFA の決算書　超エリート企業の利益構造とビジネスモデルがつかめる)
齋藤浩史著（Kanki 出版）

◎ 參考網站

《note》、
《Business Insider》、
《東洋経済オンライン》、
《プレジデントオンライン》、
《Newsweek Online》、
《現代ビジネス》、
《JBpress》、
《The 21 オンライン》、
《アマゾン》、
各網站作者頁

TOP 015

圖解GAFA科技4大巨頭

2小時弄懂Google、Apple、Facebook、Amazon的獲利模式

4大メガテックの儲けのしくみが2時間でわかる！GAFA見るだけノート

作　者	田中道昭
譯　者	劉愛夌
執行長	陳蕙慧
總編輯	魏珮丞
特約編輯	林美琪
行銷企劃	陳雅雯、余一霞、尹子麟
美術設計	許紘維

社　長	郭重興
發行人兼出版總監	曾大福
出　版	新樂園出版／遠足文化事業股份有限公司
發　行	遠足文化事業股份有限公司
地　址	231新北市新店區民權路108-2號9樓
電　話	（02）2218-1417
傳　真	（02）2218-8057
郵撥帳號	19504465
客服信箱	service@bookrep.com.tw
官方網站	http://www.bookrep.com.tw
法律顧問	華洋國際專利商標事務所 蘇文生律師
印　製	呈靖印刷

初　版	2022年01月
定　價	420元
ISBN	978-986-06563-9-8
ISBN	9786269545919（EPUB）
ISBN	9786269545902（PDF）

4DAI MEGA TECH NO MOUKE NO SHIKUMI GA 2JIKAN DE WAKARU!
GAFA MIRUDAKE NOTE
by
Copyright © MICHIAKI TANAKA
Original Japanese edition published by Takarajimasha, Inc.
Traditional Chinese translation rights arranged with Takarajimasha, Inc.
Through AMANN CO., LTD.
Traditional Chinese translation rights © 2022 by Nutopia Publishing, a division of Walkers Cultural Enterprises Ltd.

特別聲明：有關本書中的言論內容，不代表本公司/出版集團之立場與意見，文責由作者自行承擔
有著作權 侵害必究
本書如有缺頁、裝訂錯誤，請寄回更換
歡迎團體訂購，另有優惠，請洽業務部（02）2218-1417分機1124、1135

國家圖書館出版品預行編目(CIP)資料

圖解GAFA科技4大巨頭：2小時弄懂Google、Apple、Facebook、Amazon的獲利模式/田中道昭著；劉愛夌譯.
-- 初版.-- 新北市：新樂園出版：遠足文化事業股份有限公司發行, 2022.01　192面；17x23公分. -- (TOP；15)
譯自：GAFA見るだけノート：4大メガテックの儲けのしくみが2時間でわかる!@@Google Apple Facebook Amazon
ISBN 978-986-06563-9-8(平裝)

1.科技業 2.網路產業 3.企業經營

484.6
110019515